中国古建全集

佥盘地产传媒有限公司 策划
广州市唐艺文化传播有限公司 编著

皇家建筑 分为宫殿、王府、县衙、坛四个类别。古代的宫殿与坛是供帝王、帝后、嫔妃举行朝会、大典、祭祀以及居住的地方，规模宏大，凸显王权的尊贵。王府是封爵为亲王、郡王的府第，用于办公、居住。县衙是地方官吏生活、行政的场所，由衙门、祠堂官邸、大夫第等建筑群组成。每一个建筑都透露着等级的概念，更是体现君主的华贵和权力的象征，是一个不可逾越的象征。

中国林业出版社
China Forestry Publishing House

前言

每一座古建筑都有它独特的形式语言，现代仿古建筑、新中式风格流行的市场环境，让这些建筑语言受到了很多人的追捧，但是如果开发商或者设计师只是模仿古建筑的表面形式，是很难把它们的精髓完全掌握的，只有真正了解这些建筑背后的传统文化，才能打造出引人共鸣、触动心灵的建筑。

本书从这一点着手，试图通过全新的图文形式，再次描摹我们老祖宗留下来的这些文化遗产。全书共十本一套，选取了 220 余个中国古建筑项目，所有实景都是摄影师从全国各地实拍而来，所涉及的区域之广、项目之全让我们从市场上其他同类图书中脱颖而出。我们通过高清大图结合详细的历史文化背景、建筑装饰设计等文字说明的形式，试图梳理出一条关于中国古建筑设计和文化的脉络，不仅让专业读者可以更好地了解其设计精髓，也希望普通读者可以在其中了解更多古建筑的历史和文化，获得更多的阅读乐趣。

全书主要是根据建筑的功能进行分类，一级分类包括了居住建筑、城市

公共建筑、皇家建筑、宗教建筑、祠祀建筑和园林建筑；在每一个一级分类下，又将其细分成民居、大院、村、寨、古城镇、街、书院、钟楼、鼓楼、宫殿、王府、寺、塔、道观、庵、印经院、坛、祠堂、庙、皇家园林、私家园林、风景名胜等二级分类；同时我们还设置了一条辅助暗线，将所有的项目编排顺序与其所在的不同区域进行呼应归类。

而在具体的编写中，我们则将每一建筑涉及到的历史、科技、艺术、音乐、文学、地理等多方面的特色也重点标示出来，从而为读者带来更加新颖的阅读体验。本书希望以更加简明清晰的形式让读者可以清楚地了解每一类建筑的特色，更好地将其运用到具体的实践中。

古人曾用自己的纸笔有意无意地记录下他们生活的地方，而我们在这里用现代的手段去描绘这些或富丽、或精巧、或清幽、或庄严的建筑，它们在几千年的历史演变中，承载着中国丰富而深刻的传统思想观念，是民族特色的最佳代表。我们希望这本书可以成为读者的灵感库、设计源，更希望所有翻开这本书的人，都可以感受到这本书背后的诚意，了解到那些独属于中国古建和传统文化的故事！

导语

中国古建筑主要是指1911年以前建造的中国古代建筑，也包括晚清建造的具有中国传统风格的建筑。一般来说，中国古建筑包括官式建筑与民间建筑两大类。官式建筑又分为设置斗拱、具有纪念性的大式建筑，与不设斗拱、纯实用性的小式建筑两种。官式建筑是中国古代建筑中等级较高的建筑，其中又分为帝王宫殿与官府衙署等起居办公建筑；皇家苑囿等园林建筑；帝王及后妃死后归葬的陵寝建筑；帝王祭祀先祖的太庙、礼祀天地山川的坛庙等礼制建筑；孔庙、国子监及州学、府学、县学等官方主办的教育建筑；佛寺、道观等宗教建筑多类。民间建筑的式样与范围更为广泛，包括各具地方特色的民居建筑；官僚及文人士大夫的私家园林；按地方血缘关系划分的宗祠建筑；具有地方联谊及商业性质的会馆建筑；各地书院等私人教育性建筑；位于城镇市井中的钟楼、市楼等公共建筑；以及城隍庙、土地庙等地方性宗教建筑，都属于中国民间古建筑的范畴。

中国古建筑不仅包括中国历代遗留下来的有重要文物与艺术价值的构筑，也包括各个地区、各个民族历史上建造的具有各自风格的传统建筑。古代中国建筑的历史遗存，覆盖了数千年的中国历史，如汉代的石阙、石墓室；南北朝的石窟寺、砖构佛塔；唐代的砖石塔与木构佛殿等等。唐末以来的地面遗存中，砖构、石构与木构建筑保存的很多。明清时代的遗构中，更是完整地保存了大量宫殿、园林、寺庙、陵寝与民居建筑群，从中可以看出中国建筑发展演化的历史。同时，中国是一个多民族的国家，藏族的堡寨与喇嘛塔，维吾尔族的土坯建筑，蒙古族的毡帐建筑，西南少数民族的竹楼、木造吊脚楼，都是具有地方与民族特色的中国古建筑的一部分。

古建筑演变史

中国古建筑的历史，大致经历了发生、发展、高潮与延续四个阶段。一般来说，先秦时代是中国古建筑的孕育期。当时有活跃的建筑思想及较宽松的建筑创造环境。尤其是春秋战国时期，各诸侯国均有自己独特的城市与建筑。秦始皇一统天下后，曾经模仿六国宫室于咸阳北阪之上，反映了当时建筑的多样性。秦汉时期是中国古建筑的奠基期。这一时期建造了前所未有的宏大都城与宫殿建筑，如秦代的咸阳阿房前殿，“上可以坐万人，下可以建五丈旗，周驰为阁道，自殿下直抵南山，表南山之巅以为阙”，无论是尺度还是气势，都十分雄伟壮观。汉代的未央、长乐、建章等宫殿，均规模宏大。

魏晋南北朝时期，是中外交流的活跃期，中国古建筑吸收了许多外来的影响，如琉璃瓦的传入、大量佛寺与石窟寺的建造等。隋唐时期，中外交流与融合更达到高潮，使唐代建筑呈现了质朴而雄大的刚健风格。

如果说辽人更多地承续了唐风，宋人则容纳了较多江南建筑的风韵，更显风姿卓约。宋代建筑的造型趋向柔弱纤秀，建筑中的曲线较多，室内外装饰趋向华丽而繁细。宋代的彩画种类，远比明清时代多，而其最高规格的彩画——五彩遍装，透出一种“雕焕之下，

朱紫冉冉”的华贵气氛。在建筑技术上，宋代已经进入成熟期，出现了《营造法式》这样的著作。建筑的结构与造型，成熟而典雅。

到了元代，中国古建筑受到新一轮的外来影响，出现如磨石地面、白琉璃瓦屋顶，及

棕毛殿、维吾尔殿等形式。但随之而来的明代，又回到中国古建筑发展的旧有轨道上。明清时代，中国古建筑逐渐走向程式化和规范化，在建筑技术上，对于结构的把握趋于简化，掌握了木材拼接的技术，对砖石结构的运用，也更加普及而纯熟；但在建筑思想上，则趋于停滞，没有太多创新的发展。

中西古建筑差异

在世界建筑文化的宝库中，中国古建筑文化具有十分独特的地位。一方面，中国古建筑文化保持了与西方建筑文化（源于希腊、罗马建筑）相平行的发展；另一方面，中国古建筑有其独树一帜的结构与艺术特征。

世界上大多数建筑都强调建筑单体的体量、造型与空间，追求与世长存的纪念性，而中国古建筑追求以单体建筑组合成的复杂院落，以深宅大院、琼楼玉宇的大组群，创造宏大的建筑空间气势。所以，如梁思成先生的巧妙比喻，“西方建筑有如一幅油画，可以站在一定的距离与角度进行欣赏；而中国古建筑则是一幅中国卷轴，需要随时间的推移慢慢展开，才能逐步看清全貌”。

中国古建筑文化中，以现世的人居住的宫殿、住宅为主流，即使是为神佛建造的道观、佛寺，也是将其看作神与佛的住宅。因此，中国古建筑不用骇人的空间与体量，也不追求

坚固久远。因为，以住宅为建筑的主流，建筑在平面与空间上，大都以住宅为蓝本，如帝王的宫殿、佛寺、道观，甚至会馆、书院之类的建筑，都以与住宅十分接近的四合院落的

形式为主。其单体形式、院落组合、结构特征都十分接近，分别只在规模的大小。

中国古代建筑中，除了宫殿、官署、寺庙、住宅外，较少像古代或中世纪西方那样的公共建筑，如古希腊、罗马的公共浴场、竞技场、图书馆、剧场；或中世纪的市政厅、公共广场，以及较为晚近的歌剧院、交易所等。这是因为古代中国文化是建立在农业文明基础之上，较少有对公共生活的追求；而古希腊、罗马、中世纪及文艺复兴以来的欧洲城市，则是典型的城市文明，倾向于对公共领域建筑空间的创造。这一点也正体现了中国古代建筑文化与希腊、罗马及西方中世纪建筑文化的分别。

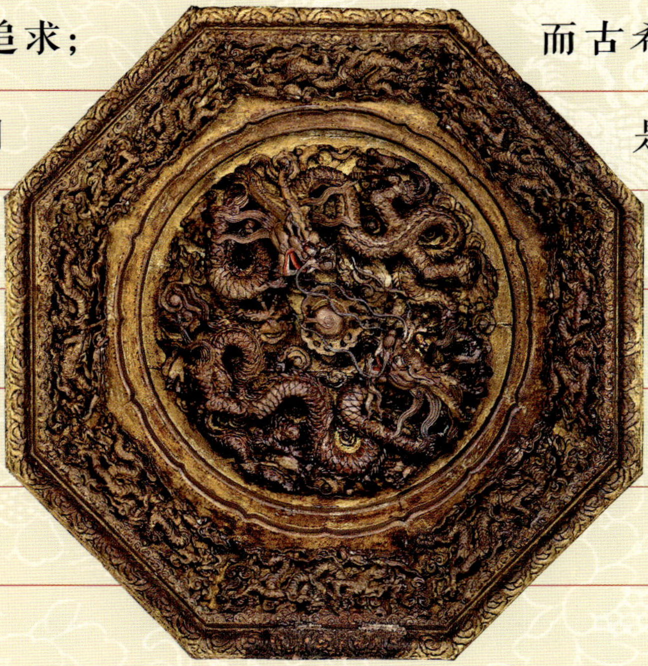

古建结构特色

古建筑是一门由大量物质堆叠而成的艺术。古建筑造型及空间艺术之基础，在于其内在结构。中国古建筑的主流部分是木结构。无论是宫殿、宗庙，或陵寝前的祭祀殿堂，还是散落在名山大川的佛寺、道观，或民间的祠堂、宅舍等，甚至一些高层佛塔及体量巨大的佛堂，乃至一些桥梁建筑等，都是用纯木结构建造的。

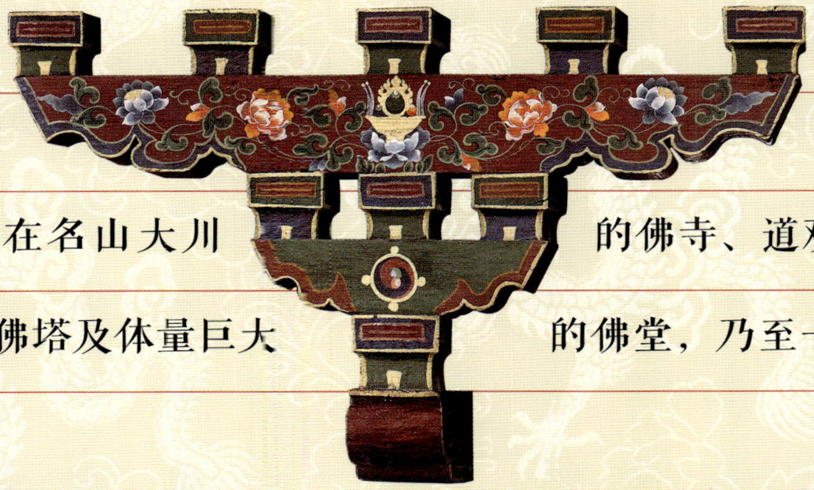

中国传统的木结构，是一种由柱子与梁架结合而成的梁柱结构体系，又分为抬梁式、穿斗式、干栏式与井干式四种形式，而以抬梁式与穿斗式结构最为多见。

早在秦汉时期的中国，就已经发展了砖石结构的建筑。最初，砖石结构主要用于墓室、陵墓前的阙门及城门、桥梁等建筑。南北朝以后出现了大量砖石建造的佛塔建筑。这种佛塔在宋代以后渐渐发展成“砖心木檐”的砖木混合结构的形式。隋代的赵州大石桥，在结构与艺术造型上都达到了很高的水平。砖石结构大量应用于城墙、建筑台基等是五代以后的事情。明代时又出现了许多砖石结构的殿堂建筑——无梁殿。

传统中国古建筑中，还有一种独具特色的结构——生土建筑。生土建筑分版筑式与窑洞式两种，分布在甘肃、陕西、山西、河南的大量窑洞式建筑，至今还具有很强的生命力。生土建筑以其节约能源与建筑材料、不构成环境污染等优势，被现代建筑师归入“生态建筑”的范畴。

三段式建筑造型

传统中国古建筑在单体造型上讲究比例匀称，尺度适宜。以现存较为完整的明清建筑为例，明清官式建筑在造型上为三段式划分：台基、屋身与屋顶。建筑的下部一般为一个砖石的台基，台基之上立柱子与墙，其上覆盖两坡或四坡的反宇式屋顶。一般情况下，屋顶的投影高度与柱、墙的高度比例约在1∶1左右。台基的高度则视建筑的等级而有不同变化。

“方圆相涵”的比例

大式建筑中，在柱、墙与屋顶挑檐之间设斗拱，通过斗拱的过渡，使厚重的屋顶与柱、墙之间，产生一种不即不离的效果，从而使屋顶有一种飘逸感。宋代建筑中，十分注意柱子的高度与柱上斗拱高度之间的比例。宋《营造法式》还明确规定“柱高不逾间之广”，也就是说，柱子的高度与开间的宽度大致接近，因而，使柱子与开间形成一个大略的方形，则檐部就位于这个方形的外接圆上，使得屋檐距台基面的高度与柱子的高度之间，处于一种微妙的“方圆相涵”的比例关系。

中国古建筑既重视大的比例关系，也注意建筑的细部处理。如台明、柱础的细部雕饰，额方下的雀替，额方在角柱上向外的出头——霸王拳，都经过细致的雕刻。额方之上布置精致的斗拱。檐部通过飞椽的巧妙翘曲，使屋顶产生如《诗经》“如翚斯飞”的轻盈感，屋顶正脊两端的鸱吻，四角的仙人、走兽雕饰，都使得建筑在匀称的比例中，又透出一种典雅与精致的效果。

台基

台基分为两大类：普通台基和须弥座台基。普通台基按部位不同分为正阶踏跺、垂手踏跺和抄手踏跺，由角柱石、柱顶石、垂带石、象眼石、砚窝石等构件组成。须弥座从佛像底座转化而来，意为用须弥山来做座，象征神圣高贵。须弥座台基立面上的突出特征是有叠涩，从内向外一层皮一层皮的出跳，有束腰，有莲瓣，有仰、覆莲，再下面还有一个底 座。在 重要的建筑如宫殿、坛庙和陵寝，都采用须弥座台基形式。

屋顶

中国古代木构建筑的屋顶类型非常丰富，在形式、等级、造型艺术等方面都有详细的规定和要求。最基本的屋顶形式有四种：庑殿顶、歇山顶、悬山顶和硬山顶。还有多种杂式屋顶，如四方攒尖、圆顶、十字脊、勾连塔、工字顶、盔顶、盝顶等，可根据建筑平面形式的变化而选用，因而形成十分复杂、造型奇特的屋顶组群，如宋代的黄鹤楼和滕王阁，以及明清紫禁城角楼等都是优美屋顶造型的代表作。为了突出重点，表示隆重，或者是为了增加园林建筑中的变化，还可以将上述许多屋顶形式做成重檐（二层屋檐或三层屋檐紧密地重叠在一起）。明清故宫的太和殿和乾清宫，便采用了重檐庑殿屋顶以加强帝王的威严感；而天坛祈年殿则采用三重檐圆形屋顶，创造与天接近的艺术气氛。

古建筑布局

中国古代建筑具有很高的艺术成就和独特的审美特征。中国古建筑的艺术精粹，尤其体现在院落与组群的布局上。有别于西方建筑强调单体的体量与造型，中国古建筑的单体变化较小，体量也较适中，但通过这些似乎相近的单体，中国人创造了丰富多变的庭院空间。在一个大的组群中，往往由许多庭院组成，庭院又分主次：主要的庭院规模较大，居于中心位置，次要的庭院规模较小，围绕主庭院布置。建筑的体量，也因其所在的位置而不同，而古代的材分（宋代模数）制度，恰好起到了在一个建筑组群中，协调各个建筑之间体量关系的有机联系。居于中心的重要建筑，用较高等级的材分，尺度也较大；居于四周的附属建筑，用较低等级的材分，尺度较小。有了主次的区别，也就有了整体的内在和谐，从而造出“庭院深深深几许”的诗画空间和艺术效果。

色彩与装饰

中国古建筑还十分讲究色彩与装饰。北方官式建筑，尤其是宫殿建筑，在汉白玉台基上，用红墙、红柱，上覆黄琉璃瓦顶，檐下用冷色调的青绿彩画，正好造成红墙与黄瓦之间的过渡，再衬以湛蓝的天空，使建筑物透出一种君临天下的华贵高洁与雍容大度的艺术氛围。而江南建筑用白粉墙、灰瓦顶、赭色的柱子，衬以小池、假山、漏窗、修竹，如小家碧玉一般，别有一番典雅精致的艺术效果。再如中国古建筑的彩画、木雕、琉璃瓦饰、砖雕等，都是独具特色的建筑细部，这些细部处理手法，又因不同地区而有各种风格变化。

古建筑哲匠

中国古代建筑以木结构为主，着重榫卯联接，因而追求结构的精巧与装饰的华美。所以，有关中国古建筑的记述，十分强调建筑匠师的巧思，所谓“鬼斧神工”、“巧夺天工”，这些词常被用来描述古代建筑令人惊叹的精妙。

中国古代历史上，有关能工巧匠的记载不绝于史。老百姓最耳熟能详的是鲁班。鲁班几乎成了中国古代匠师的代名词。现存古建筑中，凡是结构精巧、构造奇妙、装饰精美的例子，人们总是传说这是鲁班显灵，巧加点拨的结果。历史上还有不少有关鲁班发明各种木工器具、木人木马等奇妙器械的故事。

见于史书记载的著名哲匠还有很多，如南北朝时期北朝的蒋少游，他仅凭记忆就将南朝华丽的城市与宫殿形式记忆下来，在北朝模仿建造。隋代的宇文凯一手规划隋代大兴城(即唐代长安城)与洛阳城，都是当时世界上最宏大的城市。宋代著名匠师喻皓设计的汴梁开宝寺塔匠心独运。元代的刘秉忠是元大都的规划者；同时代来自尼泊尔的也黑叠尔所设计的妙应寺塔，是现存汉地喇嘛塔中最古老的一例。明代最著名的匠师是蒯祥，曾经参与明代宫殿建筑的营造。另外明代的计成是造园家与造园理论家。他写的《园冶》一书，为我们留下了一部珍贵的古代园林理论著作。与蒯祥相似的是清代的雷发达，他在清初重建北京紫禁城宫殿时崭露头角，此后成为清代皇家御用建筑师。当然还有中国现代著名建筑学家、建筑史学家和建筑教育家梁思成。这些名留青史的建筑哲匠和学者，真正反映了中国古建筑辉煌的一页。

古建筑与其他

中国古建筑具有悠久的历史传统和光辉的成就。我国古代的建筑艺术也是美术鉴赏的重要对象，而中国古代建筑的艺特点是多方面的。比如从文学作品、电影、音乐等中，均可以感受到中国建筑的气势和优美。例如初唐诗人王勃的《滕王阁序》，还有唐代杜牧的《阿房宫赋》、张继的《枫桥夜泊》、刘禹锡的《乌衣巷》，北宋范仲淹的《岳阳楼记》以至近代诗人卞之琳的《断章》等，都叫人赞叹不绝，让大家从文学中领会中国古建筑的瑰丽。

本书中十个古建筑之最

最辉煌壮丽的皇家宫殿建筑——北京故宫

最空灵超凡的建筑——北京天坛建筑群

最气势宏伟的皇家园林建筑——北京颐和园

规模最大的古典皇家园林——承德避暑山庄

现存最古老、最高大的木结构佛塔建筑——山西应县佛宫寺释迦塔

最集中的皇家宗教建筑群——承德外八庙

现存最大的辽、宋时代木构建筑——山西大同上华严寺九间大殿

现存最古老的木构楼阁建筑——天津蓟县独乐寺观音阁

现存规模最大、规格最高的儒教祭祀建筑——曲阜孔庙

现存规模最大的木结构建筑——北京故宫太和殿

目录

皇家建筑之宫殿

皇家建筑之王府

皇家建筑之 县衙

皇家建筑之 坛

皇家

中国古建全集

建筑

中国是个经历了多个朝代统治的国家。国家的兴起和灭亡往往都诞生各自的皇家建筑，或而取代，或而变迁，每一个皇家的建筑特点都有他那个朝代的特殊意义，有相同点也存在着差异。而就是因为这些建筑留给了后世重现历史的机会，更是留给了艺术界一笔不可取代的艺术财富。

在建筑布局方面，皇家建筑基本上是附会《礼记》《考工记》及封建传统的礼制来设计的，布局严谨规范，建筑的体制以及布局、规模等，都有相应的制度。比如“三朝五门”之制、“前朝后寝”之制、中轴对称之制、四隅之制等。但历史上的皇家建筑在布局上真正遵循三朝五门之制的并不多。较为典型的是明清两朝的紫禁城，完全按照三朝五门之制建筑的。“前朝后寝”是指帝王举行朝会的宫殿在诸殿前面，帝后起居的宫殿在礼仪宫殿的后面。除此之外，王府、县衙也遵循正殿用于接待、办公，后殿用于居住。另外，皇家建筑布局严格遵循中轴对称：重要的建筑群位于中轴线上，次要建筑群建于重要建筑的两侧。

中国封建社会皇家建筑的设计思想、总体规划和建筑形制均体现出封建宗法礼制以及帝王的权力。其建筑特点如下：①金碧辉煌的大屋顶。大屋顶不但华美壮丽，而且对建筑物起到很好的保护作用。大屋顶层层飞翘的屋檐和屋角，使屋面形成巧妙的曲线，这样，雨水从屋顶流下，会被排得更远，从而保护木造的宫殿不受雨淋。大屋顶上装饰的鸟兽，不但给庄严的宫殿罩上了一层神秘的色彩，也对古建筑起到固定和防止雨水腐蚀的作用。

②红墙黄瓦。皇家建筑一般是金黄色的琉璃瓦、红色的砖墙。因为金黄色是尊贵的颜色，象征皇权，只有王室才能使用这种颜色；红色是美满喜庆的色彩，意味着庄严、富贵，显示出皇家建筑的“至高无上”、“尊贵富有”。③木构架结构，是我国古代建筑成就的主要代表。我国木构架结构体系主要有穿斗式和抬梁式两种。皇家建筑主要采用抬梁式木构架，因为其可采用跨度较大的梁，柱子的数量较少，可以获得较大的室内空间，所以更加适用于宫殿和庙宇等建筑。④朱红的木制廊道。皇家建筑的廊道、梁柱、门窗等都是用木材建造的，而且被漆成了象征喜、富的朱红色。有的地方，还描绘着龙凤、云海、花草等彩画。鲜艳的颜色，不但体现了帝王殿宇的华贵，也对木制的建筑起到了防潮、防蛀的保护作用。⑤干净宽阔的汉白玉台基，是雄伟的皇家建筑的基座。台基四周的石柱和台阶上，雕刻着精美的石龙和各种花纹。中间皇帝专用的通道，用巨大的石料雕刻着海浪、流云和翻腾的巨龙，象征着帝王尊贵的地位，十分壮观。

本书皇家建筑分为宫殿、王府、县衙、坛四个类别。古代的宫殿与坛是供帝王、帝后、嫔妃举行朝会、大典、祭祀以及居住的地方，规模宏大，凸显王权的尊贵。王府是封爵为亲王、郡王的府第，用于办公、居住。县衙是地方官吏生活、行政的场所，由衙门、祠堂、官邸、大夫第等建筑群组成。古代的君王不惜花费了不计的人力、物力来建造这样一个系统性的建筑，每一个建筑都透露着等级的概念，更是体现君主的华贵和权力的象征，是一个不可逾越的象征。

宫殿

宫殿建筑又称宫廷建筑，是皇帝为了巩固自己的统治，突出皇权的威严，满足精神生活和物质生活的享受而建造的规模巨大、气势雄伟的建筑物。从秦朝开始，“宫”已成为皇帝及皇族居住的地方，宫殿则成为皇帝处理朝政的地方。这些建筑大都金玉交辉、巍峨壮观。

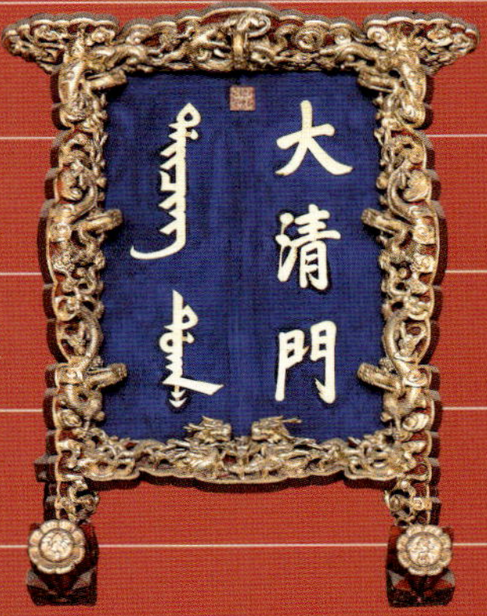

为了体现皇权的至高无上，表现以皇权为核心的等级观念，中国古代宫殿建筑采取严格的中轴对称的布局方式：中轴线上的建筑高大华丽，轴线两侧的建筑相对低小简单。由于中国的礼制思想里包含着崇敬祖先、提倡孝道和重五谷、祭土地神的内容，中国宫殿的左前方通常设祖庙（也称太庙）供帝王祭拜祖先，右前方则设社稷坛供帝王祭祀土地神和粮食神（社为土地，稷为粮食），这种格局被称为“左祖右社”。古代宫殿建筑物自身也被分为两部分，即“前朝后寝”：“前朝”是帝王上朝治政、举行大典之处；“后寝”是皇帝与后妃们居住生活的所在。总体上来说，中国古代宫殿建筑比较尊重自然，体现中庸思想，特别重视中和、平易、含蓄而深沉的美的追求。

清朝皇家宫殿建筑达到了中国传统建筑的最后一个高峰，艺术风格也随之发生很大变化。它一改宋元时期的追求建筑结构美和构造美，而更着眼于建筑组合、形体变化和细部装饰等方面的美学形式。主要典型特征为：斗拱硕大，以金黄色的琉璃瓦铺顶，有绚丽的彩画、雕镂细腻的天花藻井、汉白玉台基、栏板、梁柱，以及周围的建筑小品。同时，清代单体建筑造型已不满足于传统的几间几架筒单长方块建筑，而尽量在进退凹凸、平座出檐、屋顶形式、廊坊门墙等方面追求变化，创造出更富于艺术表现力的形体。内檐构架基本上摆脱了斗拱束缚，以梁柱直接榫接，形成整体框架，提高了建筑物的刚度。

本章宫殿建筑的优秀实例是北方区域的北京和沈阳故宫，西南区域的拉萨布达拉宫。这三组建筑群组合，都达到了美学表现的历史最高水平，显示了建筑匠师在不同地形条件下，灵活而妥善地运用各种建筑体型进行空间组合的能力，也表现出他们高度敏锐的尺度感。

北京故宫

帝座九重高
禹服周疆还紫极
皇图千禩永
尧天舜日启青阳

北京故宫

北京故宫是明、清两代的皇宫，也是当今世界上现存规模最大、建筑最雄伟、保存最完整的古代宫殿和古建筑群。宫殿建筑布局严谨、秩序井然，分“外朝”和“内廷”两部分，并沿着一条南北向中轴线排列，三大殿、后三宫、御花园都位于这条中轴线上。其布局与形制均体现出帝王至高无上的权威，其形式上的雄伟、堂皇、庄严、和谐，都可以说是集中国古代建筑艺术之大成。

历史文化背景

北京故宫，旧称为紫禁城，位于北京中轴线的中心，是明、清两代的皇宫，两代 24 位皇帝在此处理政务和生活起居的地方。故宫始建于公元 1406 年，明代第三位皇帝朱棣在夺取帝位后，决定迁都北京，即开始营造这座宫殿，至明永乐十八年(1420 年）落成，历时十四年。

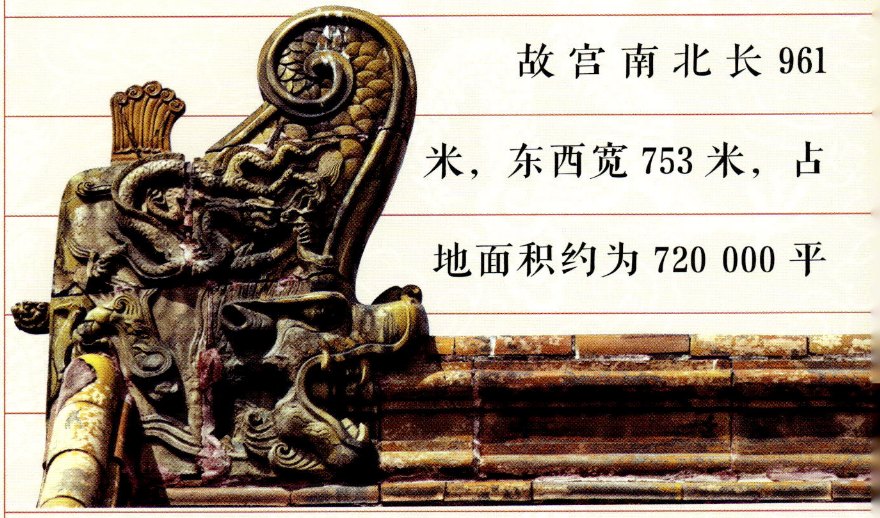

故宫南北长 961 米，东西宽 753 米，占地面积约为 720 000 平方米，建筑面积约为 150 000 平方米，是世界上现存规模最大、保存最为完整的木质结构的宫殿型建筑。相传故宫一共有 9 999 间房，实际据 1973 年专家现场测量的数据，故宫有大小院落 90 多座，房屋有 980 座，共计 8 707 间（此“间”并非现今房间之概念，此处“间”指四根房柱所形成的空间）。宫城周围环绕着高 12 米，长 3 400 米的宫墙，形式为一长方形城池，墙外有 52 米宽的护

城河环绕，形成一个壁垒森严的城堡。

故宫的建筑集中国古代宫殿建筑之大成，从中可领略到中华五千年建筑文化的丰厚积淀。1911 年，辛亥革命推翻了中国最后的封建帝制——清朝，紫禁城宫殿本应全部收归国有，但按照那时拟定的《清室优待条件》，逊帝爱新觉罗·溥仪被允许“暂居宫禁”，即“后寝”部分。1924 年，冯玉祥发动“北京政变”，将溥仪逐出宫禁，同时成立“清室善后委员会”，接管了故宫，并于 1925 年 10 月 10 日宣布故宫博物院正式成立，对外开放。1925 年以后紫禁城才被称为“故宫”。随着清王朝的没落，特别是 1949 年前的 38 年中，故宫建筑日渐破败，有多处宫殿群倒坍，垃圾成山。1961 年，国务院宣布故宫为第一批“全国重点文物保护单位”。从五六十年代起进行了大规模的修整。1987 年故宫被联合国教科文组织列为“世界文化遗产”，辟为“故宫博物院”。

建筑布局

营建原则

故宫严格按《周礼·考工记》中“前朝后市，左祖右社”的帝都营建原则建造。整个故宫，在建筑布置上，用形体变化、高低起伏的手法，组合成一个整体。在功能上符合封建社会的等级制度，同时达到左右均衡和形体变化的艺术效果。

“外朝”和“内廷”

故宫作为明清两代的宫城，全部宫殿分“外朝”和“内廷”两部分。外朝位于故宫的前部，由天安门—端门—午门—太和殿—中和殿—保和殿组成的中轴线和中轴线两旁的殿阁廊庑组成。外朝以太和、中和、保和三殿为主，前面有太和门，两侧又有文华、武英两组宫殿。从建筑的功能来看，外朝是皇帝办理政务，举行朝会的地方，举凡国家的重大活动和各种礼仪，都在外朝举行。内廷是皇帝后妃生活的地方，包括中轴线上的乾清宫、交泰殿、坤宁宫、御花园和两旁的东西六宫等宫殿群组成。内廷位于故宫的后部（北部），包括乾清宫、交泰殿、坤宁宫，是帝后居住的地方，这组宫殿的两侧有居住用的东西六宫和宁寿宫、慈宁宫等，以及分布在内廷各处的四座御花园。宫城内还有禁军的值房和一些服务性建筑以及太监、宫女居住的矮小房屋、宫城正门午门至天安门之间，在御路两侧建有朝房。朝房外，东为太庙、西为社稷坛。宫城北部的景山则是附属于宫殿的另一组建筑群。

1、午门：故宫的正门。

2、太和门：故宫内最大的宫门，也是外朝宫殿的正门。

3、太和殿：故宫内最大、等级最高的殿宇，是皇帝举行大典和群臣祝贺的地方。

4、中和殿：皇帝在太和殿举行大典时休息的地方。

5、保和殿：明代是举行大典时皇帝更衣的地方，清代为帝后接受朝贺和设宴接待群臣或外宾的地方。

6、乾清门：故宫内廷的正宫门。

7、乾清宫：明朝十四位皇帝清顺治和康熙帝都以此为寝宫。

8、交泰殿：皇后生日时接受庆贺的地方。

9、坤宁宫：明代皇后的寝宫，清代时改为撒满教祭神的场所。

10、御花园：明代称“宫后苑”，清代称“御花园”，园内建筑左右对称布局。

11、神武门：故宫的北门。

12、九龙壁：单面琉璃影壁，位于宁寿宫皇极门外。

13、黄极门：宁寿宫区的正门，与宁寿门相对。

14、皇极殿：宁寿宫区的主体建筑，乾隆皇帝归政后在此临朝。

15、西华门：故宫的西宫门，西华门正对着西苑，帝后去西苑时要经过西华门。参加宫中庆典的人们，也经此门出入。

16、东华门：专供太子出入紫禁城的城门。

17、文华殿：文华殿建筑群的正殿，明初此殿为太子殿。

18、武英殿：明初期是皇帝斋居和召见大臣的便殿，明晚期改为命妇朝见皇后的场所。清康熙年间及以后，这里成为宫廷编书处。

19、慈宁花园：明清太皇太后、皇太后及太妃嫔们游憩、礼佛的地方。

20、慈宁宫：皇太后起居的宫殿。

21、东六宫：包括景仁宫、延禧宫、承乾宫、永和宫、钟粹功、景阳宫。

22、西六宫：包括永寿宫、翊坤宫、储秀宫、启祥宫（太极殿）、长春宫、咸福宫。

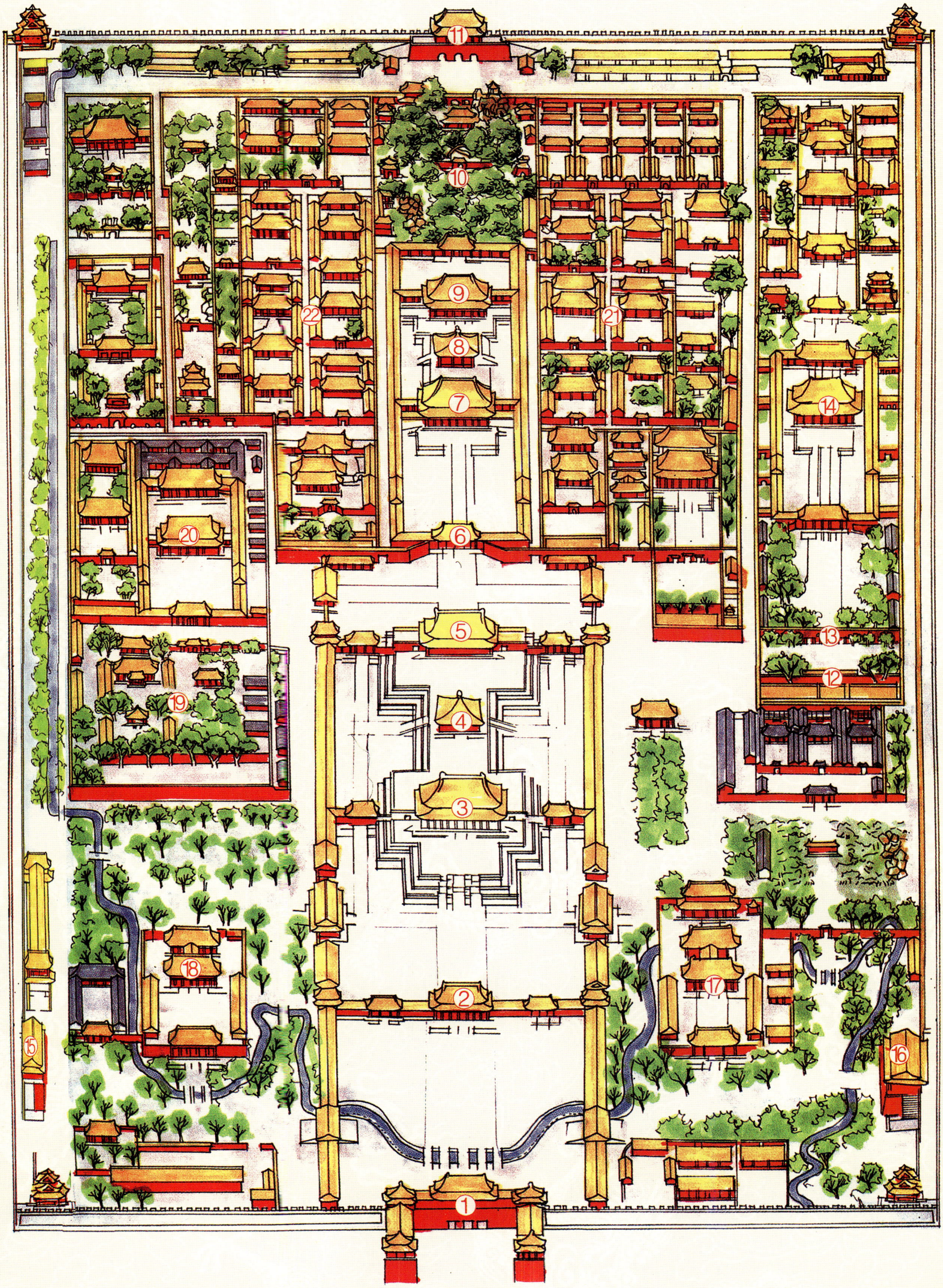
⑪
⑩
㉒
㉑
⑨
⑧
⑦
⑭
⑳
⑥
⑤
⑬
⑫
⑲
④
③
⑱
⑰
②
⑮
⑯
①

故宫

设计特色

故宫宫殿沿着一条南北向中轴线排列，三大殿、后三宫、御花园都位于这条中轴线上。中轴线穿过皇城正中，并向两旁展开，南北取直，左右对称，不仅贯穿在紫禁城内，而且南达永定门，北到鼓楼、钟楼，贯穿了整个城市，气魄宏伟、规划严整、极为壮观。

【史海拾贝】

紫禁城名称由来：说法不一，最具权威的说法是——中国古代天文学家曾把天上的恒星分为三垣、二十八宿和其他星座。三垣包括太微垣、紫微垣和天市垣。紫微垣在三垣中央。中国古代天文学说，根据对太空天体的长期观察，认为紫微垣居于中天，位置永恒不变，是天帝的居所。因而，把天帝所居的天宫谓之紫宫，有“紫微正中”之说。而“禁”意指皇宫乃是皇家重地，闲杂人等不得来此。当时普通人连走近紫禁城墙附近的地方都算犯罪。因此，明代的皇宫，既喻为紫宫，又是禁地，故旧称“紫禁城”。

【故宫四门】

故宫有四个大门，正门为正南面的午门，也被称为“五凤楼”。午门是宫城中最高的一座门，形势巍峨壮丽，皇帝下诏书、下令出征、朝中大赦、献俘等重大仪式都在午门举行。其北门为神武门，也是一座城门楼形式，用的最高等级的重檐庑殿式屋顶，但它的大殿只有五开间加围廊，没有左右向前伸展的两翼，所以在形制上要比午门低

一个等级。神武门是宫内日常出入的门禁，现为故宫博物院正门。东门为东华门，西门为西华门。东华门与西华门遥相对应，形制相同：平面矩形、红色城台、白玉须弥座，当中辟3座券门，券洞外方内圆。城台上建有城楼，黄琉璃瓦重檐庑殿顶，城楼面阔五间，进深三间，四周出廊。

▼ 立面图 -1

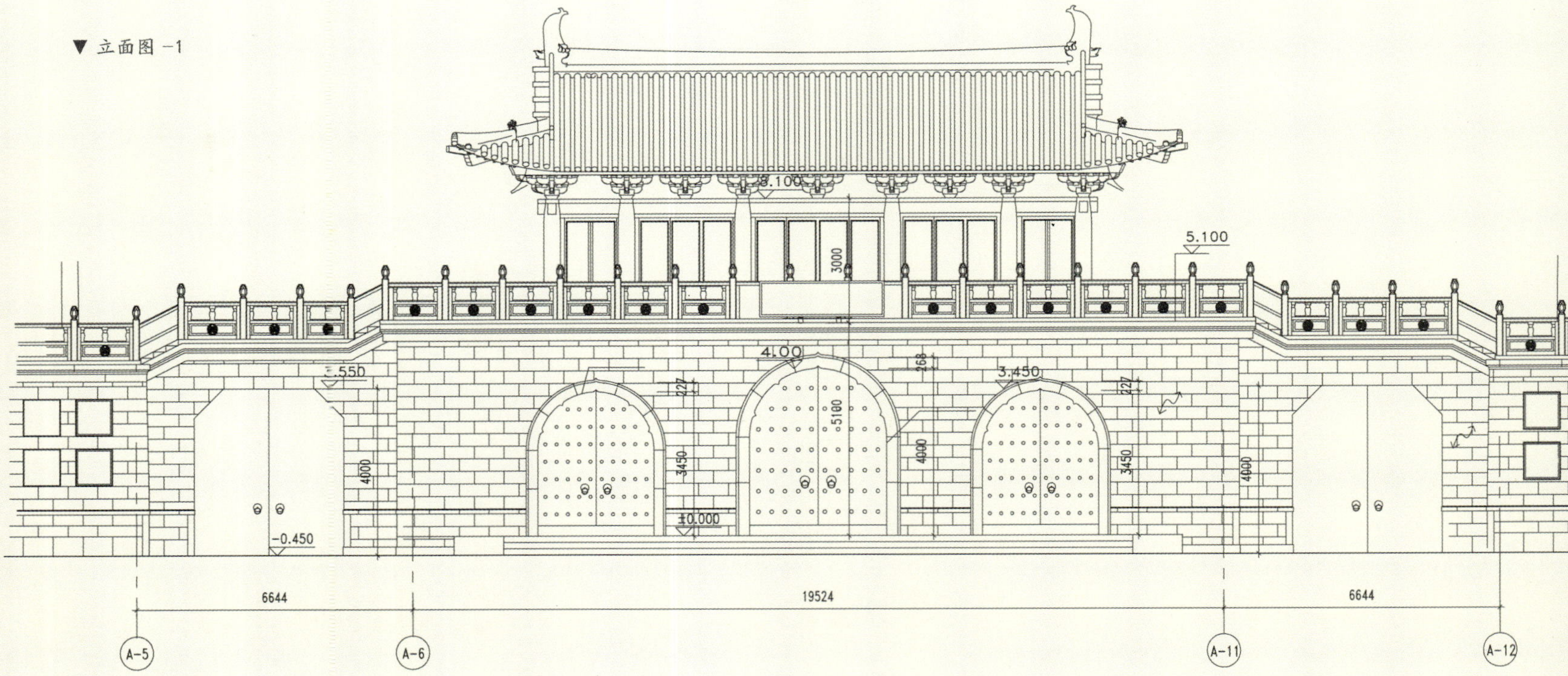
8.100
5.100
4.100
3.550
3.450
-0.450
±0.000
3000
5100
3450
4000
227
266
6644
19524
6644
A-5
A-6
A-11
A-12

▼ 剖面图

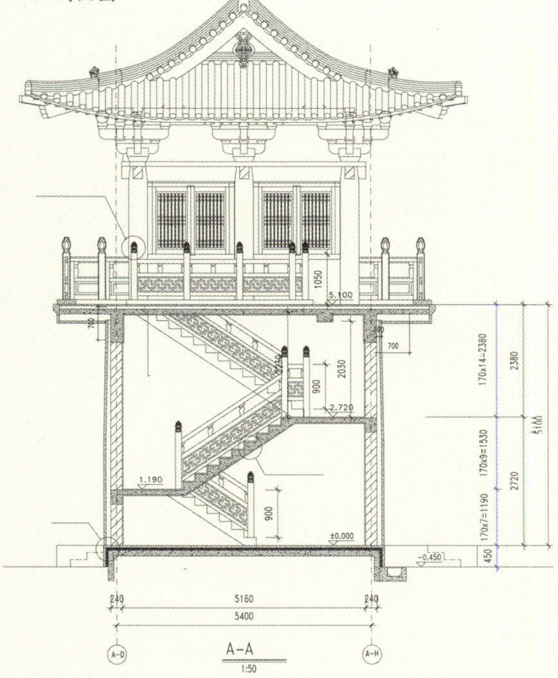

▼ 立面图 -2

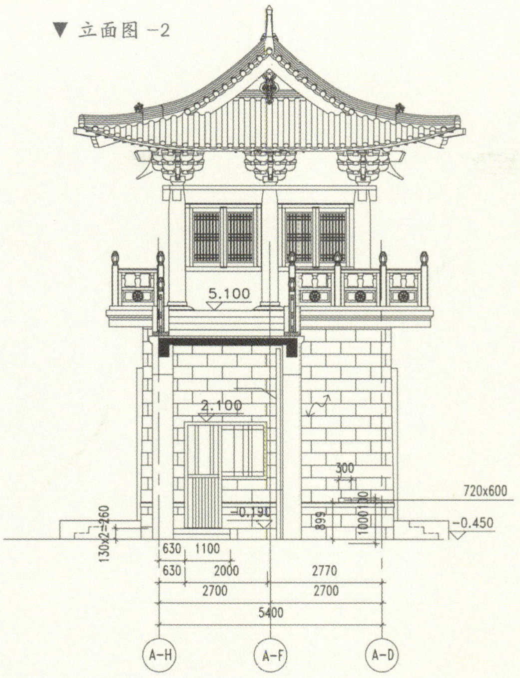

▼ 立面图 -3

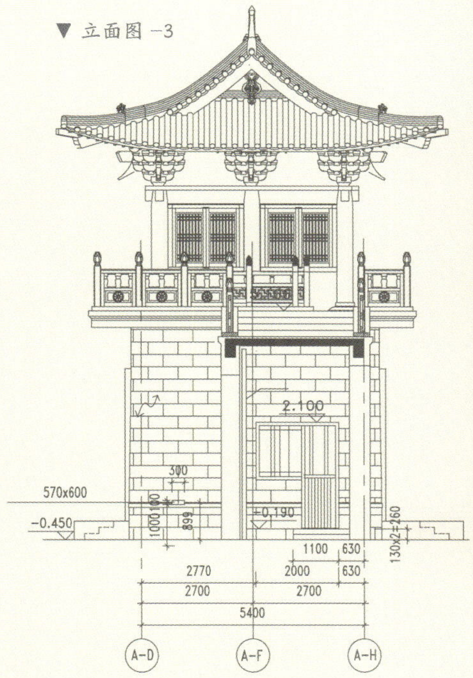

度
門
ZHEN DU MEN

太和門

Bitway
北京比特威数码产品有限公司
策划制作

▼ 立面图 1

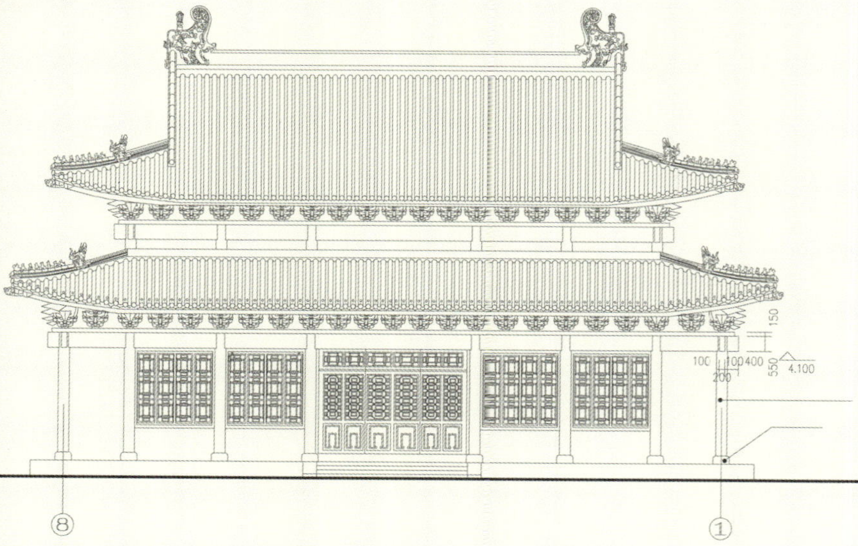

▼ 立面图 2

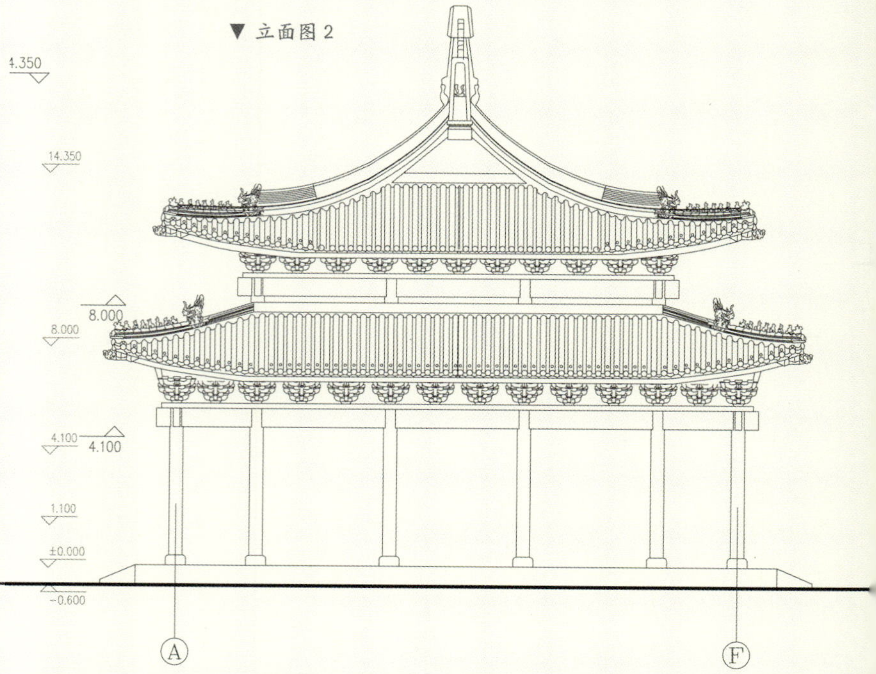

▼ 剖面图

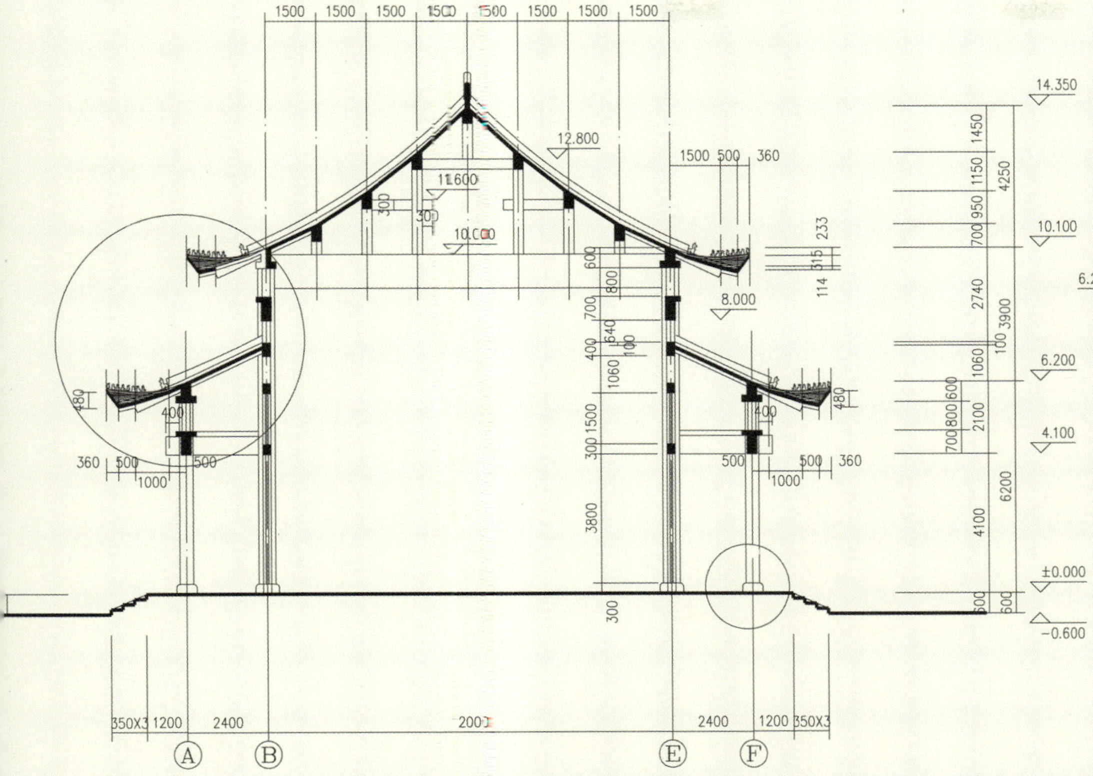
14.350
12.800
11.600
10.100
8.000
6.200
4.100
±0.000
-0.600
A
B
E
F

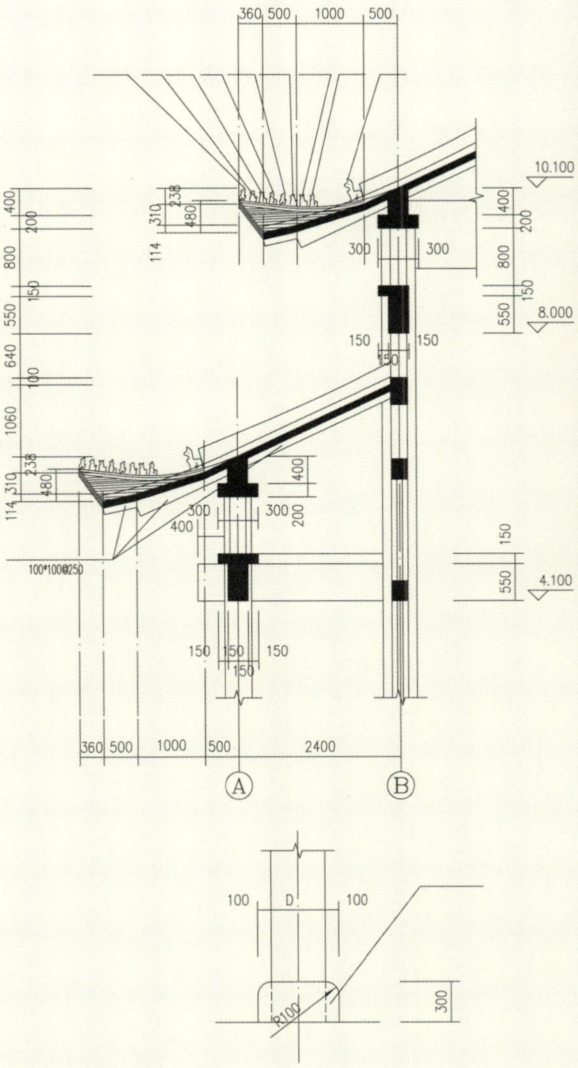
10.100
8.000
6.200
4.100
A
B

【太和殿】

太和殿俗称"金銮殿"，是明清两代北京宫城内最高大的建筑，包括三层须弥座高35.05米，加上正吻总高37.44米，每层都是须弥座形式，四周围以白玉石栏杆，栏杆上有望柱头，下有吐水的螭首，每根望柱头上都有装饰。其殿面阔十一间；进深五间，建筑面积达 2 377 平方米，也是中国现存古建筑中规模最大的木结构殿宇。大殿的屋顶重檐庑殿式，即殷商时的"四阿重屋"，为"至尊"形制。屋顶的角兽和斗拱出跳数目在此最多，御路和栏杆上的雕刻，殿内彩画及藻井图案均使用代表皇权的龙、凤题材，月台上的日规、嘉量、铜龟、铜鹤等只有在太和殿才能陈设。殿内的金漆雕龙"宝座"，更是专制皇权的象征。太和殿是皇帝举行登基大典，各种庆典及接受文武百官朝贺的地方，如遇有将帅受命出征，也要在太和殿受印。在明代，殿试及元旦赐宴亦在太和殿进行。

【重檐庑殿式】 庑殿是中国古代屋顶建筑样式中级别最高的一种，只有在皇家建筑及宗教建筑才可使用。庑殿屋顶，四面均向下斜，而四面屋檐也伸出墙外。除正脊以外，还有四条垂脊，故又称"五脊殿"。庑殿分重檐与单檐两种，有一层的屋檐为单檐，有两层的屋檐为重檐。现存级别最高的北京故宫太和殿就是重檐庑殿式。

猷
天心佑夫一德永

建極
帝命式于九圍兹惟艱

建極綏猷
乾隆御筆

【中和殿】

太和殿后的中和殿是一座平面呈方形，深、广各三间，周围加廊的建筑，面积580平方米。屋顶为单檐攒尖式、铜胎鎏金宝顶，是皇帝到太和殿上朝时的小憩之所和演习礼仪的地方。而中和殿后的保和殿，是每年除夕皇帝赐宴外藩王公的场所，也是清朝时期举行殿试的地方。

中和殿
ZHONG HE DIAN

【鎏金】　是一种金属加工工艺，是把金和水银合成的金汞剂涂在铜器表层，加热使水银蒸发，使金牢固地附在铜器表面不脱落的技术。

保和殿

皇建有極
天心降鑒惟萬方臣庶
祖訓昭垂我後嗣子孫

Large Stone Carving

清代萬壽慶典展

内右門
路参观路线图
西路主要包括养心殿和西六宫（翊坤宫、储秀宫、永寿宫、太极殿、长春宫、咸福宫）等，除永寿、咸福两宫外，均已开放，这里是皇帝和后妃居住和活动的地区之一，其中养心殿从雍正至清末，是皇帝居住和处理政务的地方，西六宫是后妃居住的地方，慈禧太后曾居住于储秀宫和长春宫。

【乾清宫】

乾清宫是后三宫的主要大殿，在明朝和清朝初期，乾清宫一直是皇帝和皇后的寝宫。位于内廷的最前面，高20米，宫殿外形为面阔九开间，重檐庑殿式屋顶，左右还有昭仁殿和弘德殿两座小殿相连。两尽间为穿堂，可通交泰殿、坤宁宫。殿内的正中有宝座，内有“正大光明”匾。两头有暖阁。平时除皇帝居住外，也经常在这里召见宫臣，披阅奏章，处理政务，甚至还在殿中接见外国使臣。清康熙前此处为皇帝居住和处理政务之处。清雍正后皇帝移居养心殿，但仍在此批阅奏报，选派官吏和召见臣下。

光明
弘敷五典無輕民事惟難
惟精惟一道積于厥躬

表正萬邦慎厥身脩思永
克寬克仁皇建其有極

【攒尖式】 攒尖式屋顶，宋朝时称“撮尖”、“斗尖”，清朝时称“攒尖”，是古代汉族传统建筑的一种屋顶样式。其特点是屋顶为锥形，没有正脊，顶部集中于一点，即宝顶，该顶常用于亭、榭、阁和塔等建筑。攒尖顶有单檐、重檐之分，按形状可分为角式攒尖和圆形攒尖，其中角式攒尖顶有同其角数相同的垂脊，有四角、六角、八角等式样。圆形攒尖则没有垂脊，尖顶由竹节瓦逐渐收小。故宫的中和殿为四角攒尖。

▼ 正立面

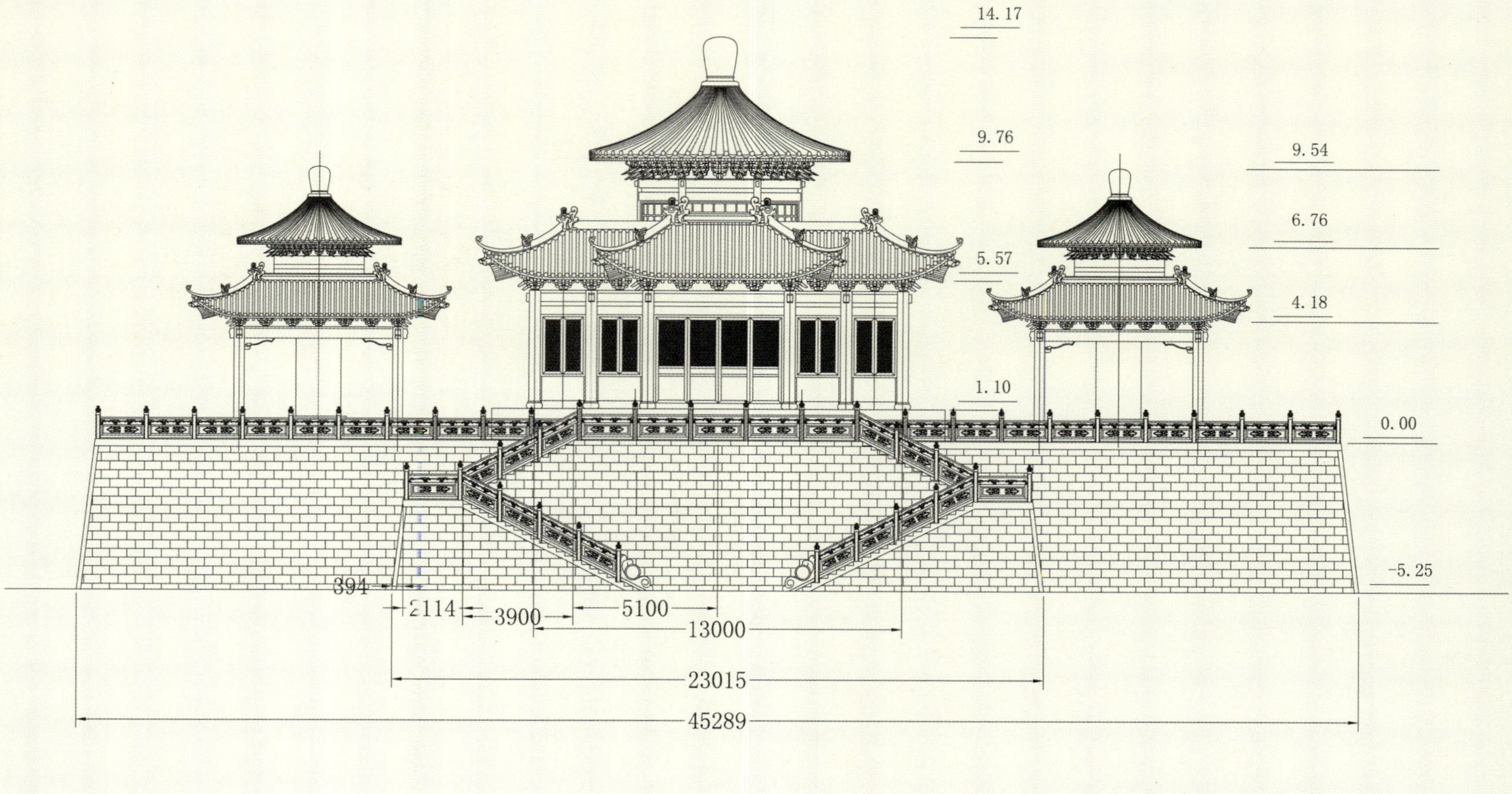
14.17
9.76
9.54
6.76
5.57
4.18
1.10
0.00
-5.25
394
2114
3900
5100
13000
23015
45289

正立面 1:100

▼ 大殿侧立面

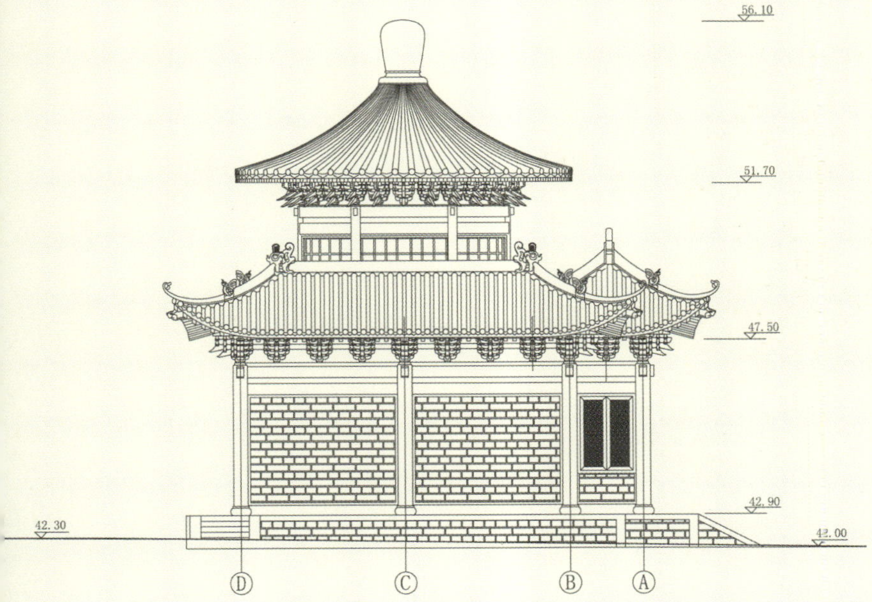
56.10
51.70
47.50
42.90
42.30
42.00
D
C
B
A

▼ 大殿侧剖面

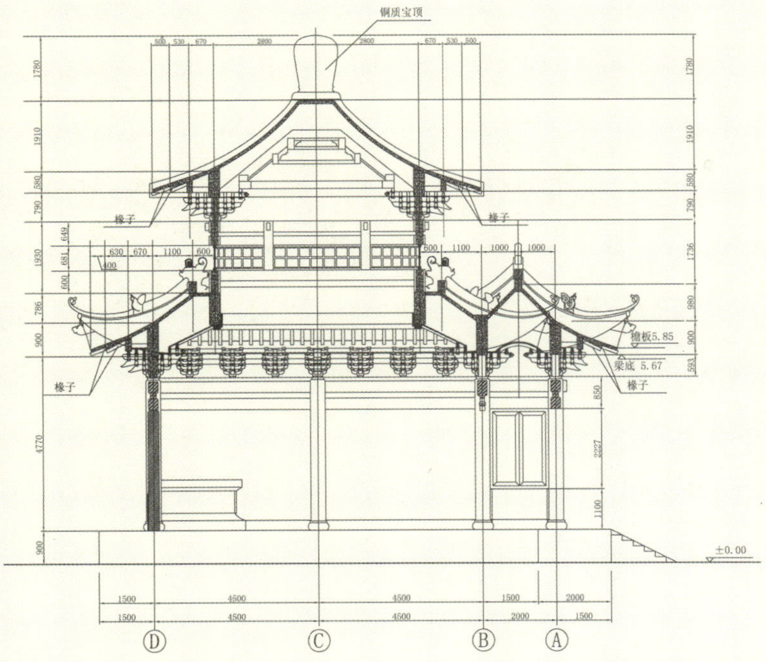
铜质宝顶
椽子
椽子
檐板5.85
梁底 5.67
椽子
椽子
±0.00
D
C
B
A

交泰殿

無為

JIAO TAI DIAN
(Hall of Union and Peace)

無爲
聖祖御書

吸烟

中正仁和

中正仁和

寿
福

奉乾門

119

鍾粹宫

廣生左門

天一門

天一門

四神祠

安全
SECURITY

澄瑞亭

辽宁沈阳故宫

历史名城览盛京
宫苑恢宏肇清廷
帝都两代创伟业
福昭两陵传美名

沈阳故宫

沈阳故宫是中国仅存的两大宫殿建筑群之一，为清朝初期努尔哈赤和皇太极的宫殿，距今近400年历史。沈阳故宫那金龙蟠柱的大政殿、崇政殿，排如雁行的十王亭、万字炕口袋房的清宁宫、古朴典雅的文溯阁、凤凰楼等高台建筑和“宫高殿低”的建筑风格，均充满浓郁的满族特色，在中国宫殿建筑史上绝无仅有。

历史文化背景

沈阳故宫始建于后金天命十年（1625年），由清太祖努尔哈赤迁都之际草创，清崇德元年（1636年）由清太宗皇太极建成，距今近400年历史。其占地60 000平方米，现有古建筑114座，由20多个院落组成，总计房屋500多间。1644年，大清迁都北京，沈阳故宫从此成为“陪都宫殿”、“留都宫殿”。在全国现存宫殿建筑群中，它的历史价值和艺术价值仅次于北京故宫，位居全国第二位。它是一座举世仅存的中国古代少数民族地方政权的宫殿，一例宫殿建筑艺术的杰作。

1961年，国务院将沈阳故宫确定为国家第一批全国重点文物保护单位。沈阳故宫不仅是古代宫殿建筑群，还以丰富的珍贵收藏品而著称于海内外，故宫内陈列了大量旧皇宫遗留下来的宫廷文物，如努尔哈赤的剑，皇太极的

腰刀和鹿角椅等。

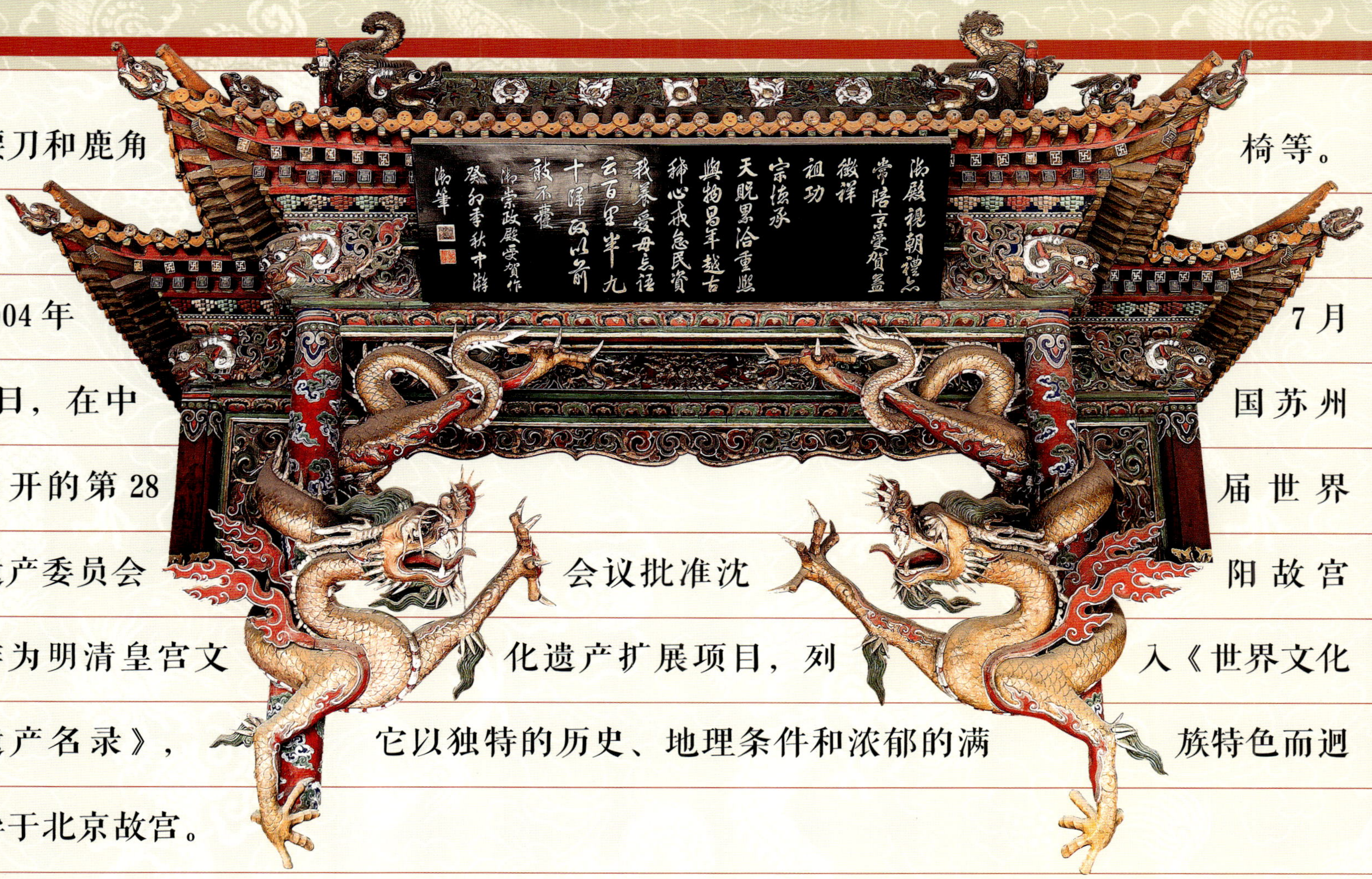

2004年7月1日，在中国苏州召开的第28届世界遗产委员会会议批准沈阳故宫作为明清皇宫文化遗产扩展项目，列入《世界文化遗产名录》，它以独特的历史、地理条件和浓郁的满族特色而迥异于北京故宫。

建筑布局

沈阳老城内的大街呈“井”字形，故宫就设在“井”字形大街的中心。故宫按自然布局分为中路、东路和西路三部分。

东路——为努尔哈赤时期建造的大政殿与十王亭，于1625年开始创建，是封建皇帝举行大典和八旗大臣办公的地方。在建筑布局上与十大王亭组成一组完整的建筑群，这是清朝八旗制度在宫殿建筑上的具体反映。

中路——大清门、崇政殿、凤凰楼，以及清宁宫、关雎宫、衍庆宫、永福宫等，于1627年至1635年建成，是封建皇帝进行政治活动和后妃居住的地方。

西路——戏台、嘉荫堂、文溯阁和仰熙斋等，于1782年建成，是清朝封建皇帝“东巡”沈阳时，读书看戏和存放《四库全书》的场所。整个建筑设计和布局，反映了皇帝的所谓“尊严”和严格的封建等级制度。

设计特色

沈阳故宫在建筑艺术上承袭了中国古代建筑的传统，集汉、满、蒙族建筑艺术为一体，具有很高的历史和艺术价值。沈阳故宫在建筑上有着满族自己的特色，例如大政殿两侧八字排开的十王亭，以建筑的形式体现了八旗制度和八和硕贝勒共治国政的政体及军事民主的思想。黄色琉璃配有绿色的剪边，据说是皇太极认为不能忘记自己民族游牧的本色，绿色代表草原的意思。

【史海拾贝】

公元1621年，努尔哈赤率领大军挺进辽东，并将都城迁至辽东重镇辽阳，大兴土木，修筑宫室。然而，出人意料的是，1625年三月初三早朝时，努尔哈赤突然召集众臣议事，提出要迁都盛京（今沈阳），诸臣当即强烈反对，但努尔哈赤坚持自己的主张。努尔哈赤为何如此“仓促迁都”？民间一些说法认为努尔哈赤迁都沈阳，主要是出于战略进取上的考虑。首先，沈阳四通八达，其地理位置对当时的满族而言非常有利，北征蒙古，西征明朝，南征朝鲜，进退自如。其次，原先的都城辽阳里满汉民族矛盾冲突严重，而沈阳当时还只是个中等城市，人口少，便于管理，这样可以避免满汉矛盾的激化。

文德坊

文德坊

艺术产业

文德坊

沈阳故宫

沈阳故宫

沈阳故宫
郭沫若

沈阳故宫

沈阳故宫

【大清门】

大清门是沈阳故宫的正门，俗称午门，它是一座面阔五间的硬山式建筑，房顶满铺琉璃瓦，饰以绿剪边，尤其是大清门山墙的最上端，南北突出的四个墀头，三面皆用五彩琉璃镶嵌而成，纹饰为凸出的海水云龙及象征吉祥的各种动物，做工精巧，栩栩如生。此门庄严富丽，与整个宫殿建筑混成一体，显得十分协调。大清门建于天聪六年(1632年)之前，为盛京皇宫中皇太极续修的早期建筑之一。1636 年定宫殿名为大清门。

大清門

【崇政殿】

崇政殿在中路前院正中，俗称"金銮殿"，是沈阳故宫最重要的建筑。整座大殿全是木结构，面阔五间；进深三间。前后出廊硬山式，辟有隔扇门，围以石雕的栏杆。殿顶铺黄琉璃瓦，镶绿剪边，正脊饰五彩琉璃龙纹及火焰珠。殿身的廊柱是方形的，望柱下有吐水的螭首，顶盖黄琉璃瓦镶绿剪边；殿前月台两角，东立日晷，西设嘉量；殿内"彻上明造"绘以彩饰，内陈宝座、屏风，两侧有熏炉、香亭、烛台一堂。殿柱是圆形的，两柱间用一条雕刻的整龙连接，龙头探出檐外，龙尾直入殿中，实用与装饰完美地结合为一体，增加了殿宇的帝王气魄。此殿为清太宗皇太极陛见臣下，宴请外国使臣以及处理大政的常朝之处。公元 1636 年，后金改国号为大清的大典就在此举行。"东巡"诸帝于此举行"展谒山陵礼成"等庆贺典礼。

崇政殿

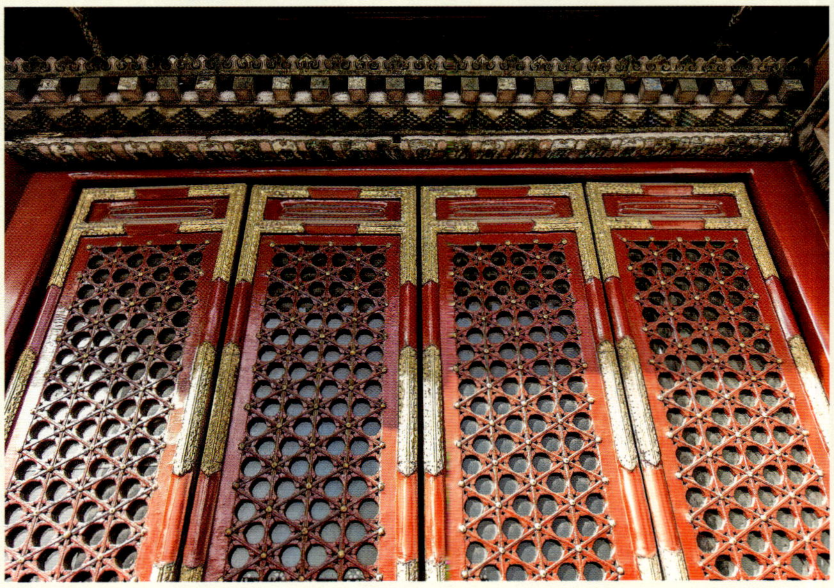

慎乃儉德式勿奢
念茲戎功用肇造

天聰明
聖時
臣欽
民從乂
豈弟君子
四方為則
首出庶物
萬國咸寧

正大
慎乃儉德式勿替

左翊門

頤和殿

壽

▼ 立面图

【清宁宫】

清宁宫为五开间前后廊硬山式，是皇太极和皇后博尔济吉特氏居住的“中宫”。室门开于东次间，屋内西侧形成“筒子房”格局，东梢间为帝后寝宫。宽大的支摘窗式样朴素，棂条皆以“码三箭”式相交，宫门亦不用隔扇式。正对宫门竖立祭天的“索伦竿”，均为源自满族民间的传统风格。殿顶铺黄琉璃瓦镶绿剪边，前后皆方形檐柱，柱头饰兽面，檀枋施彩绘等，则是吸收了汉、藏民族建筑艺术。

▼ 戏台立面图 1

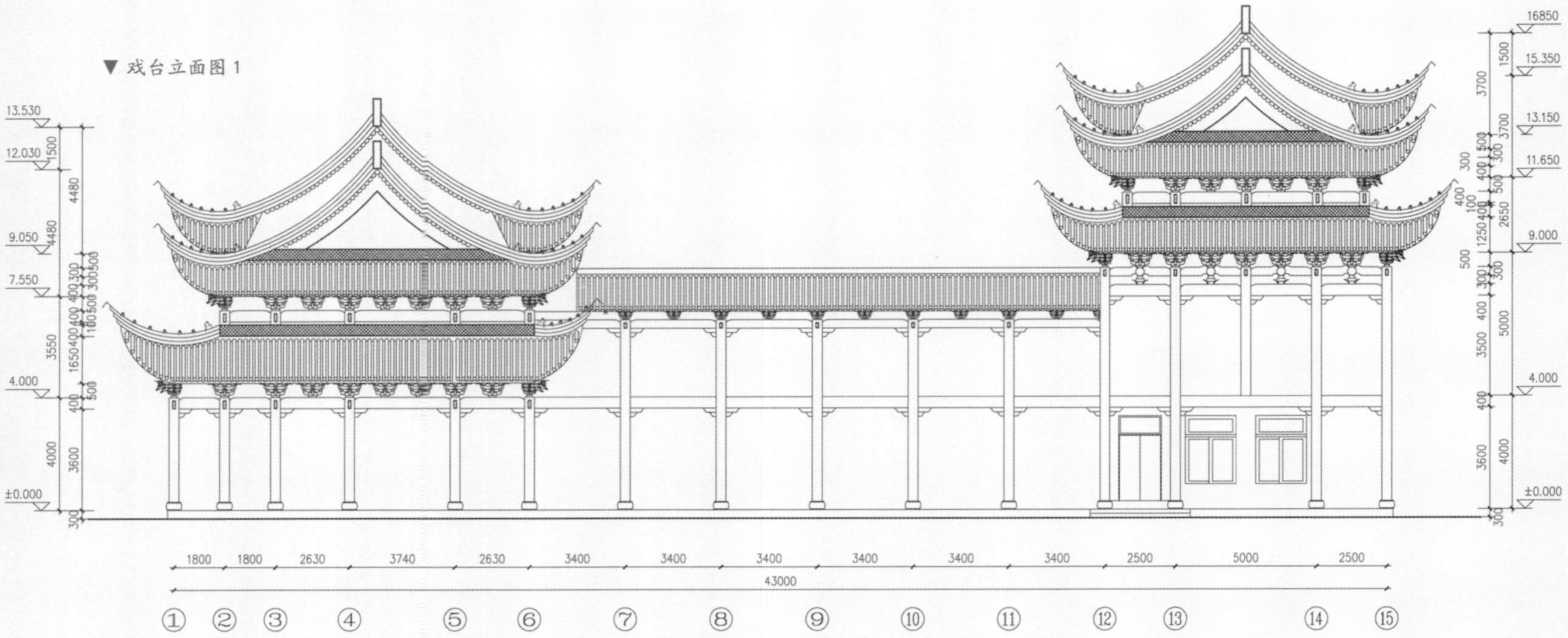

▼ 戏台立面图 2

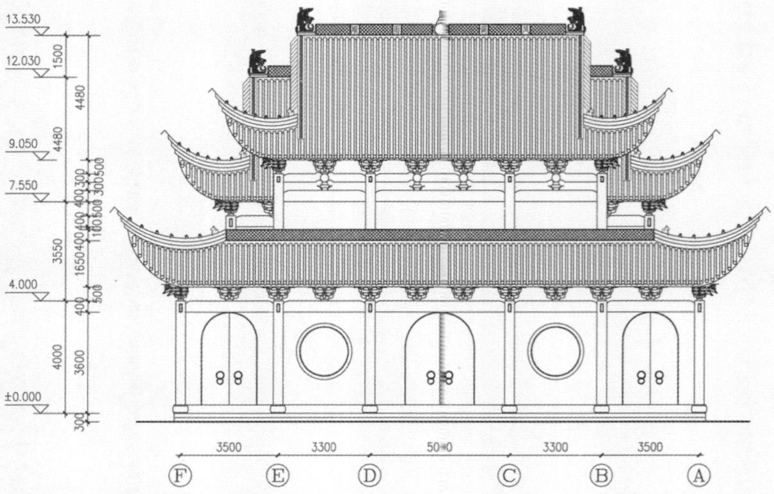

▼ 戏台立面图 3

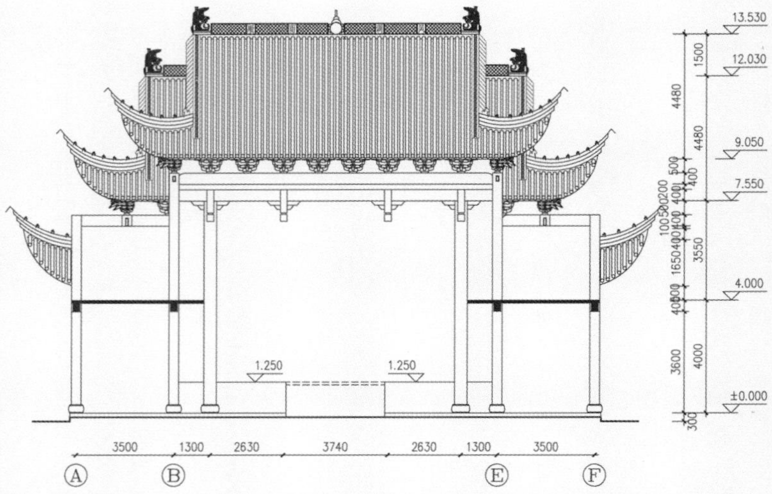

▼ 剖面图

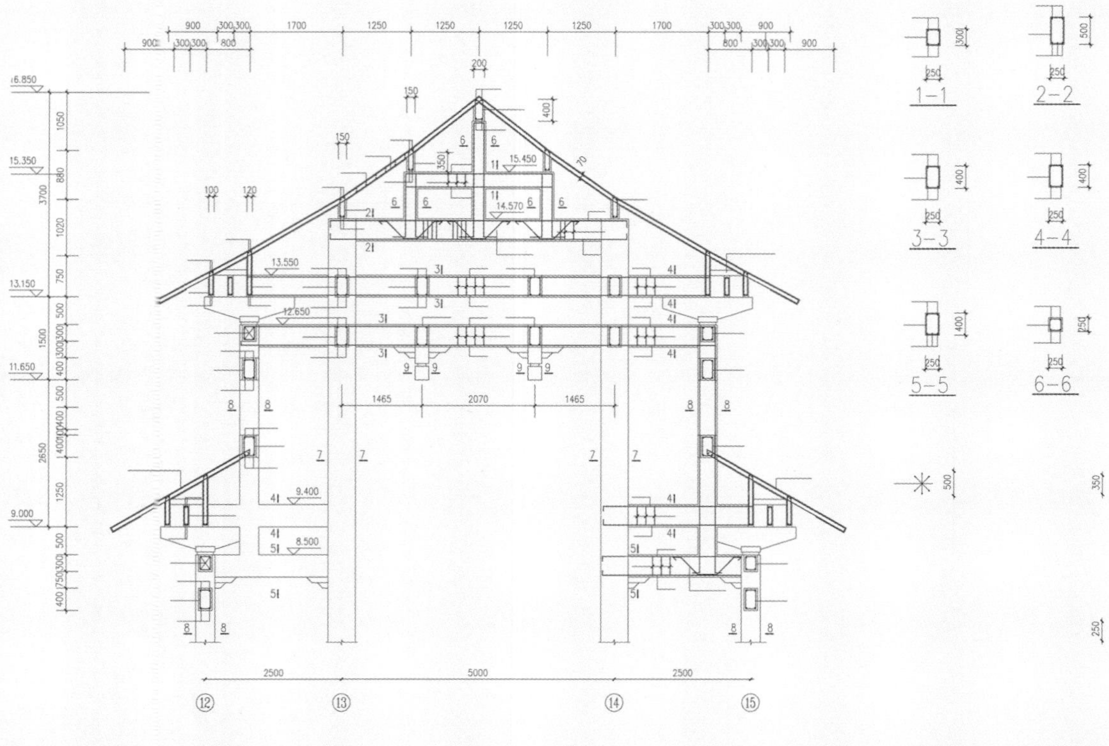

春秋富佳日鳳歌鸞舞適其機
動静葉清音智水仁山隨所會

禁止攀登

文溯閣

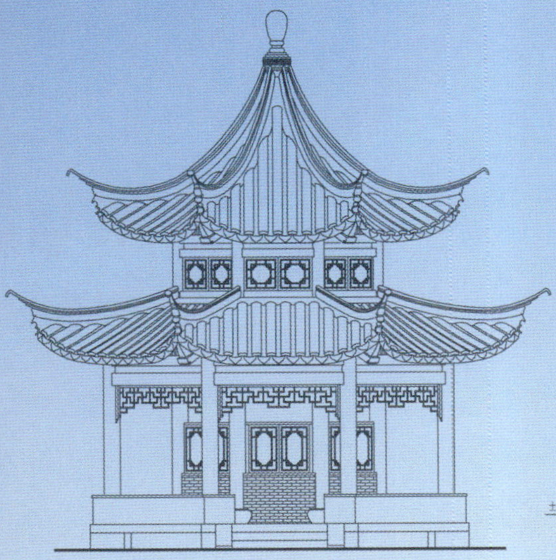

▲ 十六柱八角重檐亭立面图

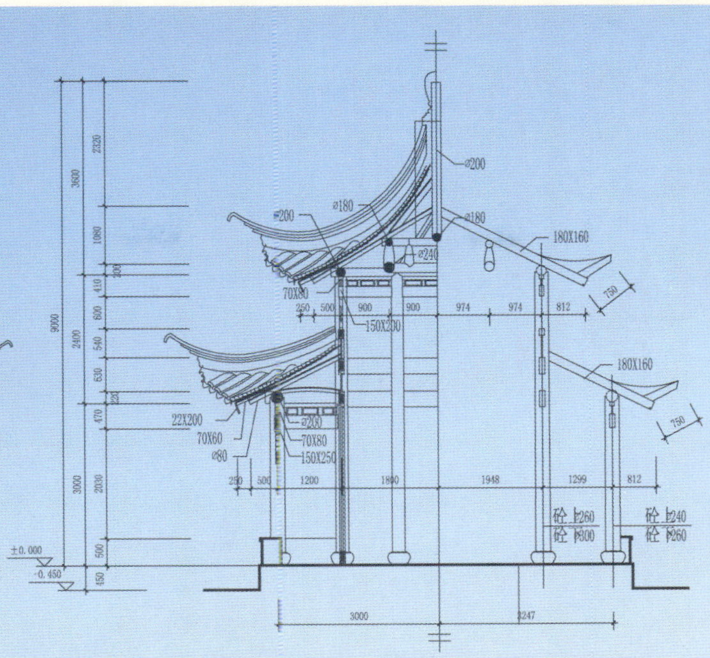

▲ 十六柱八角重檐亭 1-1 剖面图

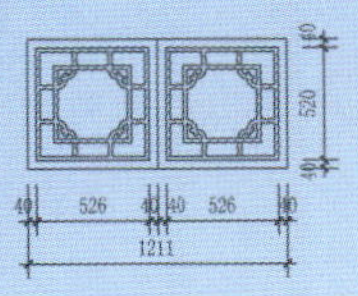

▲ 风窗大样

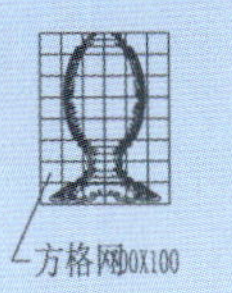

▲ 宝顶大样

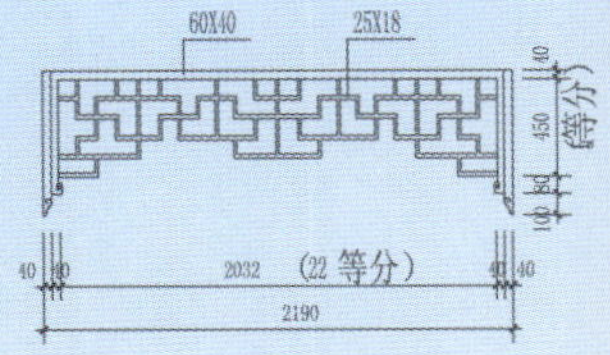

▲ 挂落大样

【十王亭】

十王亭位于大政殿两侧，八字形依次排列，是满族八旗制度在宫殿建筑的反映，此建筑布局为中国古代宫廷建筑史所罕见。其东侧五亭由北往南依次为左翼王亭、镶黄旗亭、正白旗亭、镶白旗亭、正蓝旗亭；西侧五亭依次为右翼王亭、正黄旗亭、正红旗亭、镶红旗亭、镶蓝旗亭。十王亭是清初八旗各主旗贝勒、大臣议政及处理政务之处。这种君臣合署在宫殿办事的现象，历史上也少见。从建筑上看，大政殿也是一个亭子，不过它的体量较大，装饰比较华丽，因此称为宫殿。大政殿和成八字形排开的10座亭子，其建筑格局乃脱胎于少数民族的帐殿。这11座亭子，就是11座帐篷的化身。帐篷是可以流动迁移的，而亭子就固定起来了，显示了满族文化发展的一个里程。

【八角重檐攒尖式】 大政殿的八角重檐攒尖式，为八面出廊，其下为须弥座台基。攒尖式屋顶没有正脊，而只有垂脊，垂脊的多少根据实际建筑需要而定，一般双数的居多。如：有三条脊的，有四条脊的，有六条脊的，有八条脊的，分别称为三角攒尖顶，四角攒尖顶，六角攒尖顶，八角攒尖顶等。此外，还有一种圆形，也就是没有垂脊的，叫做圆角攒尖顶。

【大政殿】

大政殿是一座八角重檐攒尖式建筑，俗称八角殿，始建于1625年，是清太祖努尔哈赤营建的重要宫殿，也是盛京皇宫内最庄严最神圣的地方。初称“大衙门”，1636年定名“笃恭殿”，后改“大政殿”。殿顶铺满黄琉璃瓦，镶绿色剪边，十六道五彩琉璃脊，飞檐斗拱，彩画、琉璃以及盘龙柱等，建筑使用大木架结构，榫卯相接，属于汉族的传统建筑形式；但殿顶的相轮宝珠与八个力士，又具有宗教色彩。大政殿内的梵文天花和降龙藻井，又具有少数民族的建筑特点。大政殿用于举行大典，如皇帝即位，颁布诏书，宣布军队出征，迎接将士凯旋等。此殿曾为清太宗皇太极举行重大典礼及重要政治活动的场所。顺治元年（1644年）皇帝福临在此登基继位。

交景
子孫是守長懷紹庭永祚卜世卜年
神聖相承恍睹開國宏猷一心一德

西藏拉萨布达拉宫

白宫红殿湛蓝天
盖世高原气万千
竺法渐传三界远
盛音近绕佛堂前

布达拉宫

西藏拉萨布达拉宫是西藏宫堡式建筑群，现在布达拉宫的基本面貌主要是公元17世纪五世达赖喇嘛时期重建的白宫及其圆寂后修建的红宫，此后历代达赖又相继扩建，终成布达拉宫今日之规模。独特的布达拉宫同时又是神圣的，这座凝结藏族劳动人民智慧又目睹汉藏文化交流的古建筑群，以其辉煌的雄姿和藏传佛教圣地的地位绝对地成为了藏民族的象征。

历史文化背景

布达拉宫位于西藏自治区拉萨市区西北的玛布日山上，是一座宫堡式建筑群。公元7世纪，吐蕃王朝赞普松赞干布为迎娶文成公主而兴建，距今已有1 300年的历史。当时修建的宫殿有999间，加山上修行室共1000间。吐蕃王朝灭亡之后，古老的宫堡也大部分毁于战火，加上雷击等自然灾害，布达拉宫的规模日益缩小，甚至一度被纳入大昭寺，作为其分支机构进行管理。如今的布达拉宫只尚存当时的法王洞和帕巴拉康。

1645年，五世达赖喇嘛阿旺罗桑嘉措安排第司索朗绕登主持，重建布达拉“白宫”及宫墙、城门、角楼等，并把政权机构由哲蚌寺迁来。1690年，第司桑杰嘉措为五世达赖喇嘛修建灵塔，扩建了“红宫”，1693年工程竣工。以后，历世达赖喇嘛又增建了5个金顶和一些附属建筑。特别是1936年十三世达赖喇嘛的灵塔殿建成后，终形成了布达拉宫今日的规模。

布达拉宫于17世纪重建后，成为历代达

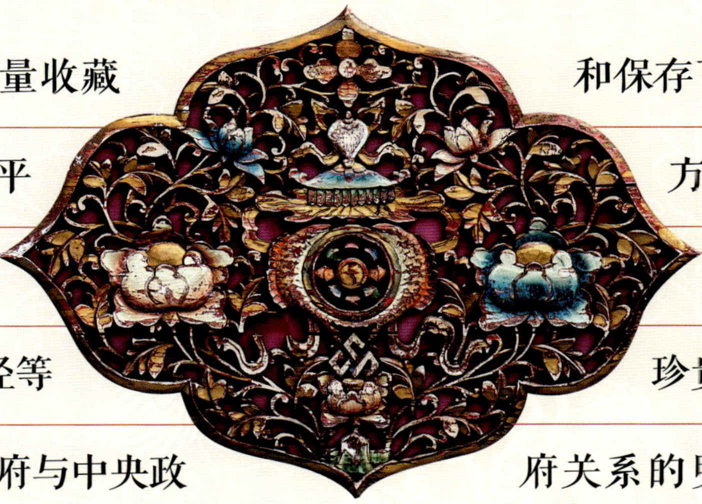

赖喇嘛的冬宫居所，300 余年来，布达拉宫大量收藏和保存了极为丰富的历史文物。其中有 2 500 余平方米的壁画、近千座佛塔、上万座塑像、上万幅唐卡；还有贝叶经、甘珠尔经等珍贵经文典籍；标示历史上西藏地方政府与中央政府关系的明清两代皇帝封赐达赖喇嘛的金册、金印、玉印以及大量的金银品、瓷器、珐琅器、玉器、锦缎品及工艺珍玩，这些文物绚丽多彩、题材丰富。1961 年，布达拉宫成为了中华人民共和国国务院第一批全国重点文物保护单位之一。1994 年，布达拉宫被列为世界文化遗产。

建筑布局

布达拉宫海拔 3 700 米，占地总面积 36 万平方米，建筑总面积 13 万平方米，其主体建筑为白宫和红宫两部分，东西两侧分别向下延伸，与高大的宫墙相接。宫墙高 6 米，底宽 4.4 米，顶宽 2.8 米，呈梯形截面，用夯土砌筑，外包砖石。墙的东、南、西侧各有一座三层的门楼，在东南和西北角还各有一座角楼。宫墙所包围的范围全都属于布达拉宫。整座宫殿具有藏式风格，高 200 余米，外观 13 层，实际只有 9 层。由于它起建于山腰，大面积的石壁又屹立如削壁，使建筑仿佛与山岗融为一体，气势雄伟壮观。

宫墙内的山前部分叫作“雪城”，分布着原西藏政府噶厦的办事机构，如法院、印经院、藏军司令部等。此外还有作坊、马厩、供水处、仓库、监狱等宫廷辅助设施。宫墙内的山后部分称做“林卡”，主要是一组以龙王潭为中心的园林建筑，是布达拉宫的后花园。五世达赖重建布达拉宫时在此

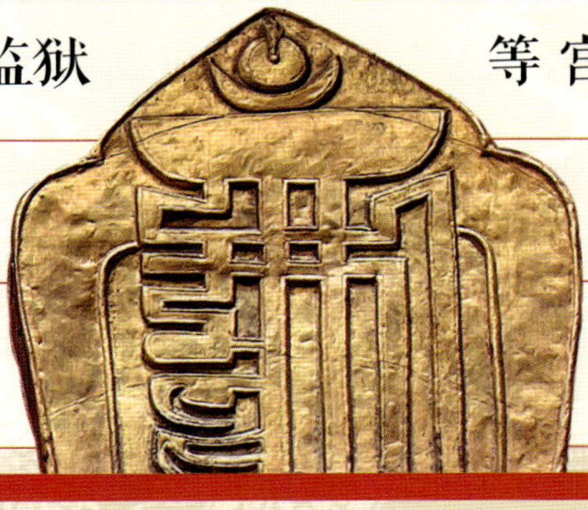

取土，形成深潭。后来六世达赖在湖心建造了三层八角形的琉璃亭，内供龙王像，故此称为龙王潭。

设计特色

布达拉宫依山垒砌、群楼重叠、殿宇嵯峨、气势雄伟。坚实墩厚的花岗石墙体，松茸平展的白玛草墙领，金碧辉煌的金顶，具有强烈装饰效果的巨大鎏金宝瓶以及经幢和红幡交相映辉，红、白、黄三种色彩的鲜明对比，分部合筑、层层套接的建筑型体，都体现了藏族古建筑迷人的特色。布达拉宫整体为石木结构，宫殿外墙厚达 2 ~ 5 米，基础直接埋入岩层。墙身全部用花岗岩砌筑，高达数十米，每隔一段距离，中间灌注铁汁进行加固，提高了墙体抗震能力。屋顶和窗檐用木制结构，飞檐外挑，屋角翘起，铜瓦鎏金，用鎏金经幢、宝瓶、摩蝎鱼和金翅乌做脊饰。闪亮的屋顶采用歇山式和攒尖式，具有汉代建筑风格。屋檐下的墙面装饰有鎏金铜饰，形象都是佛教法器式八宝，有浓重的藏传佛教色彩。柱身和梁枋上布满了鲜艳的彩画和华丽的雕饰。内部廊道交错，殿堂杂陈，空间蜿蜒曲折、变幻莫测。

【史海拾贝】

松赞干布是吐蕃王朝第 33 任赞普。13 岁时，松赞干布面对内困外扰的严重局势，毅然继承父位。他沉着冷静，依靠新兴势力，征集了万余人，组成了一支精锐的队伍。经过 3 年征战，平定了内部叛乱，稳定了局势，再次恢复了吐蕃的统一。唐贞观十五年（641 年），唐太宗将文成公主（宗室女，江夏王李道宗的女儿）嫁给松赞干布。唐蕃联姻，文成公主的入藏，将佛教和内地各种先进的科学技术和文化带到了高原，进一步促进了西藏经济文化的发展。

【白宫】

白宫因外墙为白色而得名，高七层。它是达赖喇嘛的冬宫，也曾是原西藏地方政府的办事机构所在地。白宫中的法王洞为现存布达拉宫最古老的建筑，洞内供着据传是松赞干布生前为他自己和文成公主、尼泊尔尺尊公主等人所造的塑像。

白宫的最顶层是达赖的寝宫“日光殿”，殿内有一部分屋顶敞开，阳光可以射入，晚上再用蓬布遮住，因此得名。日光殿分东西两部分，西日光殿（尼悦索朗列吉）是原殿，东日光殿（甘丹朗色）是后来仿造的，两者布局相似，分别是十三世和十四世达赖的寝宫，也是他们处理政务的地方。这里等级森严，只有高级僧俗官员才被允许进入。殿内包括朝拜堂、经堂、习经室和卧室等，陈设均十分豪华。

第四层是白宫最大的殿宇东大殿（措钦厦），面积 717 平方米，殿长 27.8 米，宽 25.8 米，内设达赖宝座，上悬同治帝书写的“振锡绥疆”匾额。布达拉宫的重大活动如达赖坐床典礼、亲政典礼等都在此举行。白宫外部有“之”字型的上山蹬道。东侧的半山腰有一个宽阔的广场，称作“德央厦”，是达赖喇嘛观看戏剧和举行户外活动的场所。广场的南北两侧建有僧官学校等。白宫的第五层和第六层是办公和生活用房。

白宫在红宫的下方与扎厦相连。扎厦位于红宫西侧，是为布达拉宫服务的喇嘛们的居所，鼎盛时居住着僧众 25 000 多人。它的外墙也是白色，因此通常也被看作是白宫的一部分。

【红宫】

红宫位于布达拉宫的中央位置，外墙为红色。宫殿根据曼陀罗花的形态布局，围绕着历代达赖的灵塔殿建造了许多经堂、佛殿，从而与白宫连为一体。

红宫最主要的建筑是历代达赖喇嘛的灵塔殿，共五座。各殿形制相同，但规模不等。其中最大的五世达赖（藏林静吉）灵塔殿高三层，由十六根大方柱支撑，中央安放五世达赖灵塔，两侧分别是十世和十二世达赖的灵塔。五世达赖（措钦鲁，亦名司西平措）灵塔殿的享堂西大殿是红宫中最大的殿堂，高 6 米多，面积达 725.7 平方米。殿内悬挂乾隆帝亲书的“涌莲初地”匾额，下置达赖宝座。整个殿堂雕梁画栋，有壁画 698 幅，内容多与五世达赖的生平有关。在红宫的西部是十三世达赖（格来顿觉）灵塔殿，建于 1936 年，是布达拉宫修建最晚的建筑，其规模之大也可与五世达赖灵塔殿相媲美。殿内除了灵塔，还供奉着一尊银造的十三世达赖像和一座用 20 万颗珍珠和珊瑚

珠编成的法物“曼扎”。

红宫中的法王殿（曲结哲布）和圣者殿（帕巴拉康）相传都是吐蕃时期遗留下来的建筑。法王殿处在布达拉宫的中央位置，它的下面就是玛布日山的山尖。据说这里曾经是松赞干布的静修之所，现供奉着松赞干布、文成公主、尺尊公主以及大臣们的塑像。圣者殿供奉松赞干布的主尊佛——一尊由檀香木天然形成的观世音菩萨像。红宫的屋顶平台上布满各灵塔殿的金顶，它们全部是单檐歇山式，以木制斗拱承托外檐，上覆鎏金铜瓦，顶端立一大二小的三座宝塔，金光灿灿，煞是耀眼。屋顶外围的女儿墙用一种深紫红色的灌木垒砌而成，外缀各种金饰，墙顶立有巨大的鎏金宝幢和红色经幡，体现出强烈的藏式风格。

布达拉宫珍宝馆
TREASURE HALL OF POTALA

王府

王府指封爵为亲王、郡王的府第，多数集中在北京，而其他封爵的贵室宗亲的宅邸只能称府。王府和府均属皇产，统归内务府管理。王府是封建社会等级最高的贵族府邸，现存王府多为清代遗存，分为亲王府、郡王府、贝勒府、贝子府4个等级。只有亲王、郡王的住宅可以称为“王府”，贝勒、贝子、辅国公的住所称为“府”，高级官员的住所只能称“宅”称“第”。

王府的建筑规模、样式、布局都是严格按照封建礼制设计出来的，有布局严谨规范，有相应的制度，等级差别十分明显。如果逾制建宅要论罪，直至处以死刑。清朝王府建筑分东、中、西三路，每路由南自北都是以严格的中轴线贯穿着的多进四合院落组成，中路最主要的建筑是银安殿和嘉乐堂，殿堂屋顶采用绿琉璃瓦，显示了中路的威严气派，同时也是亲王身份的体现。王府大门为五间，正殿为七间，后殿五间，寝宫两重，各五间。王府的建造形制，东、西路可以自由配置，中路一律相同，主要有府门（又称宫门）、影壁、大殿（又称银安殿）、二府门、神殿、后楼、家庙等。前夕护以石栏，殿内设屏风和宝座。两侧翼楼各九间，神殿七间，后楼七间。

王府正门殿秦均覆盖绿琉璃瓦。正殿脊安吻兽、压脊七种。门钉九纵七横六十三枚，其余楼房旁庑均用筒瓦。用材异常讲究，多使用硬木。加工的木料可以作出细小的截面，雕刻花纹起伏精确，而且使用圆形或曲线拼出各种华格，只有在精细的加工之基础上才能完成，施工难度较大。

王府主人一但撤爵，府第就会被收归内务府。清代诸王有世袭罔替和世袭递降两种，世袭罔替俗称“铁帽子王”，袭爵者如因罪削爵，可选同宗承继，爵位始终不变。世袭递降者爵位与其王府不符时，王府会被收回，需另择别府居住。因此，这种王府便存在一府多主的变化。但如果王府中出了皇帝，王府就成为潜龙邸，要改建成宫殿，不能再居住，原王府主人由内务府另赐新府。

本章节以清代规模最大的恭王府和依皇族府邸品级营造的和硕恪靖公主府为代表，来具体分析王府的历史文化背景、建筑布局、设计特色以及王府建筑的“僭侈逾制”之处。

北京恭王府

中华瑰宝恭王府
吟香醉月三代主
阅尽清朝半部史
喜得天下第一福

恭王府

恭王府为清代规模最大的一座王府，历经了清王朝由鼎盛至衰亡的历史进程，承载着极其丰富的历史文化信息，故有“一座恭王府，半部清代史”的说法。府邸、花园面积相若，其中南侧府邸为整齐的三路多进院落；北侧花园依势营建出东、中、西三路别具特色的景致，可谓移步换景、一景一格，被誉为北京什刹海的一颗明珠。

历史文化背景

恭王府坐落于北京什刹海畔柳荫深处，始建于1776年，曾先后作为清代权相和珅、庆王永璘的宅邸。1851年恭亲王奕䜣成为宅子的主人，恭王府的名称也因此得来。第三代主人恭亲王奕䜣，身兼议政王、军机领班大臣等要职，重权在握，显赫一时，于是大筑邸园，同时也对府邸部分进行了修缮与改建。现今恭王府的建筑规模与格局，就是在那个时候形成的。

整座王府坐北朝南，前府后园，总占地面积6万余平方米，开放面积5.3万平方米。恭王府至今已历经230余年的风雨沧桑，可以说，它既是大清王朝由盛到衰的缩影，也见证了近代中华民族那段苦难与屈辱的历史。从恭亲王奕䜣迁入王府至1912年奕䜣之孙小恭王溥伟典卖家藏，一座盛极一时的皇家王府，六十年间迅速衰败，就此沉睡。

民国时期恭王府成为辅仁大学校舍，建国后的几十年间，则用作学校、工厂、研究机构和政府机关的办公教学场地。1975年，周恩来总理在病重期间，委托时任国务院副

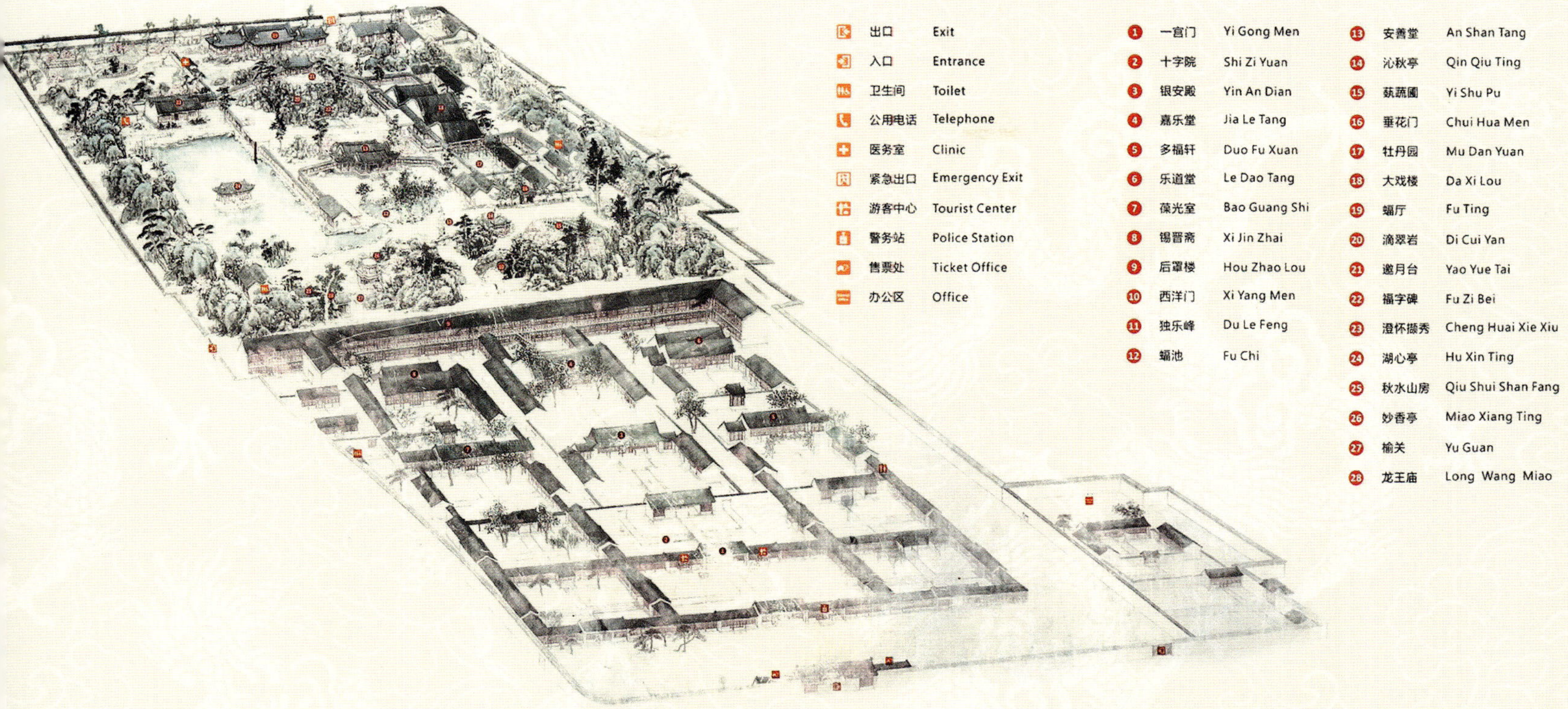

总理的谷牧同志办三件事，其中一件就是对社会全面开放恭王府。1979 年，在谷牧同志的亲自关怀下，占用恭王府的单位开始搬迁，恭王府的修复、开放工作提上日程。1982 年 2 月，恭王府被列为第二批全国重点文物保护单位。1988 年，恭王府花园对外开放。2008 年恭王府完成府邸修缮工程后，全面对外开放。

建筑布局

恭王府南半部是富丽堂皇的府邸，北半部为幽深秀丽的古典园林。府邸建筑分东、中、西三路，每路由南自北都是由以中轴线贯穿着的多进四合院落组成。中路的 3 座建筑是府邸的主体，一是大殿，二是后殿，三是延楼。延楼东西长 160 米，有 40 余间房屋。东路和西路各有 3 个院落，和中路遥相呼应。

中路最主要的建筑是银安殿和嘉乐堂，殿堂屋顶采用绿琉璃瓦，显示了中路的威严气派，同时也是亲王身份的体现。东路的前院正房名为多福轩，厅前有一架长了两百多年的藤萝，至今仍长势甚好，在京城极为罕见。东路的后进院落正房名为乐道堂，是当年恭亲王奕䜣的起居处。西路的四合院落较为小巧精致，主体建筑为葆光室和锡晋斋。精品之作当属高大气派的锡晋斋，大厅内有雕饰精美的楠木隔断，为和珅仿紫禁城宁寿宫式样。府邸最深处横有一座两层的后罩楼，东西长达156米，后墙共开88扇窗户，内有108间房，俗称“99间半”，取道教“届满即盈”之意。

设计特色

亲王府府邸不仅宽大，而且建筑也是最高规制。最明显的标志是门脸和房屋数量，其有门脸五间，正殿七间，后殿五间，后寝七间，左右有配殿，而低于亲王等级的王公府邸决不能多于这些数字。房屋的形式、屋瓦的颜色也是不能逾制的。恭王府由于是在权臣和珅邸宅的基础上改建而成，和珅当年定罪的二十大罪状中就有关于内檐装修的“僭侈逾制”问题，如其中的第十三款“查得和珅房屋竟有楠木厅堂，其多宝格及隔断门窗皆仿照宁寿宫制度”。因此恭王府的内檐装修在王府文化中别具一格，其所表现的特点尤为突出：

规格最高，可与宫殿建筑比美

恭王府中几座主要厅堂的内檐装修与宫廷中别无二致。并有室内假山水池，装修成室内小园林，更是别出心裁。

数量较多，形式多样

从样式中可以看到当年有内檐装修的建筑多达二十余处，而且具有多种类型，如太师壁、宝座床、碧纱橱、祭灶、万字炕、几腿罩、落地罩、炕罩、真假门、仙楼、书阁、多宝格、顺山炕、前后檐炕等。

界划灵活，空间丰富

恭王府内各厅堂的空间根据使用功能划分，格局多样，其主要厅堂既有肃穆、庄严的开敞式大空间，又有私密性的小空间，既有对称式的，也有非对称式的，还有可以灵活组合的。有的适合接待高级宾客，有的用于萨满教的祭祀活动，有的适合起居生活，有的作为寝息，不同的空间需求各得其所。

做工精细，技巧高超

从恭王府的装修遗留物件中可知建筑材料上皆使用硬木，用材异常讲究，加工的木料可以作出细小的截面，雕刻花纹起伏精确，而且使用圆形或曲线拼出各种华格，只有在精细的加工基础上才能完成，施工难度之大，令人叹为观止。

【史海拾贝】

恭王府中“福”字是康熙当年写给孝庄太后的，而盖在福字中央刻着“康熙御笔”之宝的大印已成为当今世上所留的唯一一个完整的康熙大印印章。恭王府中“福”字碑藏在花园的假山内，这座假山是用糯米浆砌筑成的，非常坚固，假山下有一幽静的“洞天”，称秘云洞，洞的正中立着“福”字碑，刻有“康熙御笔”之宝印。碑高1米左右，长80厘米左右，贯穿整座假山。福字碑寓意福照全园，因为康熙留存人世的题字极少，所以福字碑倍显珍贵。据说当年嘉庆查抄和珅府时，想把这个福字移到皇宫，但是由于和珅设计巧妙，动福就动龙脉，这是皇帝最忌讳的，大怒之下，下令将假山封死。直到建国初，周总理在一次接见外宾之后在花园无意中发现假山上面石头的形状像龙头，才发现了福字碑。

恭王府

志愿者工作站

尚善齋

尚善齋

小心台阶

【银安殿】

俗称银銮殿，恭王府最主要的建筑。作为王府的正殿，只有逢重大事件、重要节日时方打开，起到礼仪的作用。民国初年，由于不慎失火，大殿连同东西配殿一并焚毁，现银安殿院落为复建。

【嘉乐堂】

和珅时期之建筑。悬挂有“嘉乐堂”匾额一方。该匾疑是乾隆帝赐给和珅的，但匾额无署款，无钤记，故无由证实，但和珅留有《嘉乐堂诗集》，说明是和珅之室名。在恭亲王时期，嘉乐堂主要作为王府的祭祀场所，内供有祖先、诸神等的牌位，以萨满教仪式为主。

禄光室

葆光室
葆光室是恭亲王奕䜣的内宅会客厅，门头上悬挂有咸丰皇帝御笔所赐"葆光室"匾额。恭亲王奕䜣病逝时，慈禧太后和光绪皇帝曾来葆光室处理奕䜣后事。
葆光室的主殿及东、西厢房前均有回廊，连绵贯通。葆光室所在的院落是府内唯一完全由回廊环绕的院落。
Bao Guang Shi
The intimate reception room of Prince Gong's family.

灭火器箱
FIRE EXTINGUISHER BOX
FIRE ALARM

仁
正
小心门槛
Watch Your Step

天香庭院

锡晋斋
此殿为乾隆朝大学士和珅仿紫禁城宁寿宫所建，用楠木装修出精美的两层仙楼，这种逾制的装修成为嘉庆皇帝给和珅定的死罪之一。
恭王府曾收藏极其珍贵的西晋陆机《平复帖》，并秘藏于此殿，因而把此殿命名为"锡晋斋"。
锡晋斋的东、西厢房是恭亲王存放古玩之所，东厢房叫"乐古斋"，西厢房叫"尔尔斋"，意思是这些古玩与锡晋斋所藏的《平复帖》比较不过尔尔而已。
Xi Jin Zhai
The library of Prince Gong.

多福轩
多福轩是恭亲王奕䜣的会客厅，恭亲王奕䜣在此接见朝廷官员和外国使节。此殿的门头上原有咸丰皇帝所题“多福轩”匾额，殿内屏门上方有慈禧太后所题“同德延釐”匾额和抱柱联，四周墙上方悬挂皇帝御笔所赐的多方“福”、“寿”大匾。
多福轩月台南侧有一藤萝架，两株古藤已有二百余年历史，多福轩所在的院落被称为藤萝院。
Duo Fu Xuan
The hall of audience in Prince Gong's time.

同德延釐
壽 福
壽 福
輝分若木銀罌翠釜九華燈
宴啟蟠桃瓊萼金柯千歲果

同德延釐

后罩楼
后罩楼是位于王府府邸最后面托罩整座府邸的建筑。恭王府的后罩楼为一座长150余米、建有50余间的两层楼，俗称"九十九间半"。如此长度和间数的后罩楼在清代王府中仅此一例。
后罩楼的东部悬挂"瞻霁楼"匾，西部悬挂"宝约楼"匾。在后罩楼最西端的几间房内，建有一座有流泉、假山、亭阁的室内花园，这座室内花园被称作"水法楼"，是目前唯一见到的中国古代室内花园遗存。
Hou Zhao Lou
The over 150-metre-long building served as a common back-screen for all three sections of the palace.

寶約樓

佛樓

寶約樓

無量居

佛樓

1 后罩楼 Rear Tower
2 龙王庙 Dragon king Temple
3 榆关 Film Pass
4 西洋门 Western-style Gate
5 独乐峰 Private Joy Peak
6 蝠池 Bat Pond
7 安善堂 Serene Goodness Hall
8 沁秋亭 Autumn Pavilion
9 蔬圃 Vegetable Garden
10 垂青樾 Drooping Green Shade
11 牡丹园 Peony Garden
12 大戏楼 Grand Theater
13 蝠厅 Bat Hall
14 邀月台 Moon Inviting Platform
15 滴翠岩 Dripping Green Rockery
16 秘云洞 Secret Cloud Cave
17 澄怀撷秀 Purity and Brilliance House
18 湖心亭 Mid-lake Pavilion
19 妙香亭 Aroma Pavilion
20 秋水山房 Autumn Water Mountain House

【恭王府花园】

又名“朗润园”或“萃锦园”，俗称恭王府花园，徜徉于园中犹如漫步在山水之间。与府邸相呼应，花园也分为东中西三路。中路以一座西洋建筑风格的汉白玉拱形石门为入口，以康熙皇帝御书“福”字碑为中心，前有独乐峰、蝠池，后有绿天小隐、蝠厅，布局令人回味无穷。东路的大戏楼厅内装饰清新秀丽，缠枝藤萝紫花盛开，使人恍如在藤萝架下观戏。戏楼南端的明道斋与曲径通幽、垂青樾、吟香醉月、流杯亭等五景构成园中之园。花园内古木参天，怪石林立，环山衔水，亭台楼榭，廊回路转。月色下的花园景致更是千变万化，别有一番洞天。

垂花门
Floral Lintel Gate
其名得来缘由两侧门檐下的短柱象倒垂的花蕾。门的形状似皇宫中的“毗庐帽”门样式。
The gate was named as floral lintel gate since the short columns under the door eaves of the two sides look like pendulous flowers. The gate has a similar style as 'Pilu Cap' of imperial gates.

牡丹园
Peony Garden
园内种植数株牡丹，因
春季牡丹花盛开争相斗艳而得
名。北侧有一高大的藤萝架，春季
倒挂串串紫色藤萝花，与大戏楼内绘
满梁柱的藤萝彩画内外呼应，动静相辉
The garden is named after the se-
veral peonies grown in it, which blo-
ssom in spring. There is a high wis-
teria trellis in the northern side.

消火栓
消防

内蒙古赤峰王府

崇武尚文
无非赖尔多士
正风移俗
是所望于群公

赤峰王府

中国清代蒙古王府博物馆建筑规模之大为内蒙古49旗蒙古王府之首，集塞北地区、蒙古民族、藏传佛教三大建筑特色于一身。建筑仿制北京故宫，气势恢宏，殿宇森严，是内蒙古地区目前年代最早、规模等级最高、建筑规模最大、保存最好的一座清代亲王府邸，具有极高的建筑艺术和社会价值。

历史文化背景

内蒙古赤峰王府现辟为中国清代蒙古王府博物馆，又称作“喀喇沁旗清代王府博物馆、喀喇沁旗王府博物馆或王府博物馆”，位于内蒙古赤峰市喀喇沁旗政府驻地锦山镇西南19千米的王爷府镇，距离承德市东北150千米，赤峰西南70千米处。其前身是喀喇沁右旗亲王府。喀喇沁亲王府原称“喀喇沁旗右翼旗王府”，民间称王爷府，始建于清代康熙十八年（1679年），先后共有十二代喀喇沁王在这里居住，其中最有影响的是蒙古族杰出的思想家、政治家、改革家贡桑诺尔布。

喀喇沁亲王府被有关专家誉为中国最大的蒙古王府博物馆、内蒙古最大的古建筑博物馆、内蒙古第二大博物馆，占地面积86 667多平方米，房屋490余间。其建筑规模

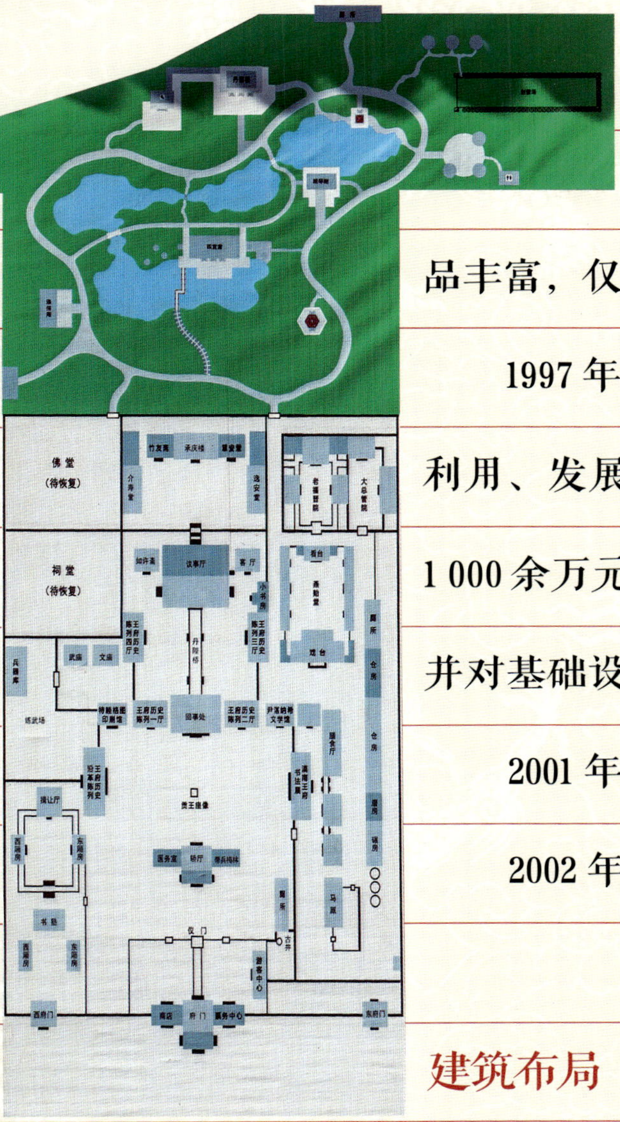

之大为内蒙古49旗蒙古王府之首，集塞北地区、蒙古民族、藏传佛教三大建筑特色于一身。王府内藏品丰富，仅明清时期的文物就有1 400多件。

1997年，喀喇沁旗人民政府按照《喀喇沁亲王府开发、保护、利用、发展的远景规划》，遵循修旧如旧的原则，共投入资金1 000余万元，对王府原有的33幢古建筑进行了抢救保护性维修，并对基础设施建设做了全面改善。

2001年被国务院列为全国第五批重点文物保护单位。

2002年至今，喀喇沁旗清代王府博物馆基本建成，并对外开放。

建筑布局

整体建筑由五进院落、22幢正堂和配房构成连续四合院式格局，宏伟壮观，体系庞大，布局严谨，结构精巧。主体建筑有大堂、二堂、仪厅、大厅和承庆楼。中轴对称，东西两侧是跨院，又由若干小四合院构成，重重四合院又由道道垂花门相连。西院为政治活动、宗教祭祀场所；东侧为生活区。王府的北面是花园，依山而建仿北京私家园林式。花园内有十一座院落，137间房舍。整座王府，肃穆古雅，气势恢弘，处处体现着主人的华贵。

喀喇沁亲王府历经三百多年风雨，东院已荡然无存，西院也仅存不多，后花园早已消失，仅主体建筑保存下来。是内蒙古自治区品级最高、保存最完整、规模最大的蒙古族亲王府邸，具有较高的历史、艺术和科学价值。

设计特色

王府建筑融合了蒙古族、满族、汉族三种民族文化，具有浓郁的民族特色、宗教特色和地域特色。主体建筑都是大木架结构硬山式屋顶建筑，筒瓦覆顶，配以鸱吻走兽。而其前丹陛桥的做法以及其他三座建筑应用月台之制，在同类建筑中鲜为少见。整体建筑宏伟肃穆，除宗祠、家庙施彩绘外，所有建筑都是丹青色油饰，青瓦覆顶。吊顶做法以及一些传统手法中都保留了不少原状建筑的传统工艺，这是由于当时留下来的关内工匠世代沿袭而致。吊顶、天棚运用“切”的手法，与北京王府和承德避暑山庄的建筑形制类似，王府建筑采用地炕也叫地火龙进行取暖，室内采用隔扇、花罩等。建筑色调淡雅、古朴、庄重、气势宏伟，融古典风格和现代陈列艺术于一体。它既具有清代建筑雄浑、质朴、轩昂、洒脱的风格，又有中国传统宫殿轴线对称、主次有序的结构特点。

【史海拾贝】

据史料载，喀喇沁蒙古部源于古老的乌梁海蒙古部。成吉思汗时代，乌梁海部名将者勒蔑因功勋卓著，其后裔被封为喀喇沁部，意为守卫者。在这个家族中，有一位蒙古王公，对近代蒙古民族史产生了深远的影响，他就是喀喇沁第十二代亲王贡桑诺尔布。贡桑诺尔布生于1872年，卒于1930年，是蒙古民族近代史中重要的开拓者，也是赤峰及东蒙地区近代史中最为著名的历史人物。这位生逢近世、深受戊戌变法影响、立志民族强盛的亲王，治事开明，提倡新政，享誉遐迩。从1902年始，他相继首创内蒙古新式学校崇正学堂、毓正女学堂和守正武学堂，出版《婴报》，兴办邮电，派遣留学生，开办实业，建树良多。民国年间，他连续担任蒙藏事务局和蒙藏院总裁16载，为振兴近代蒙古族文化做出了杰出贡献。

喀喇沁親王府

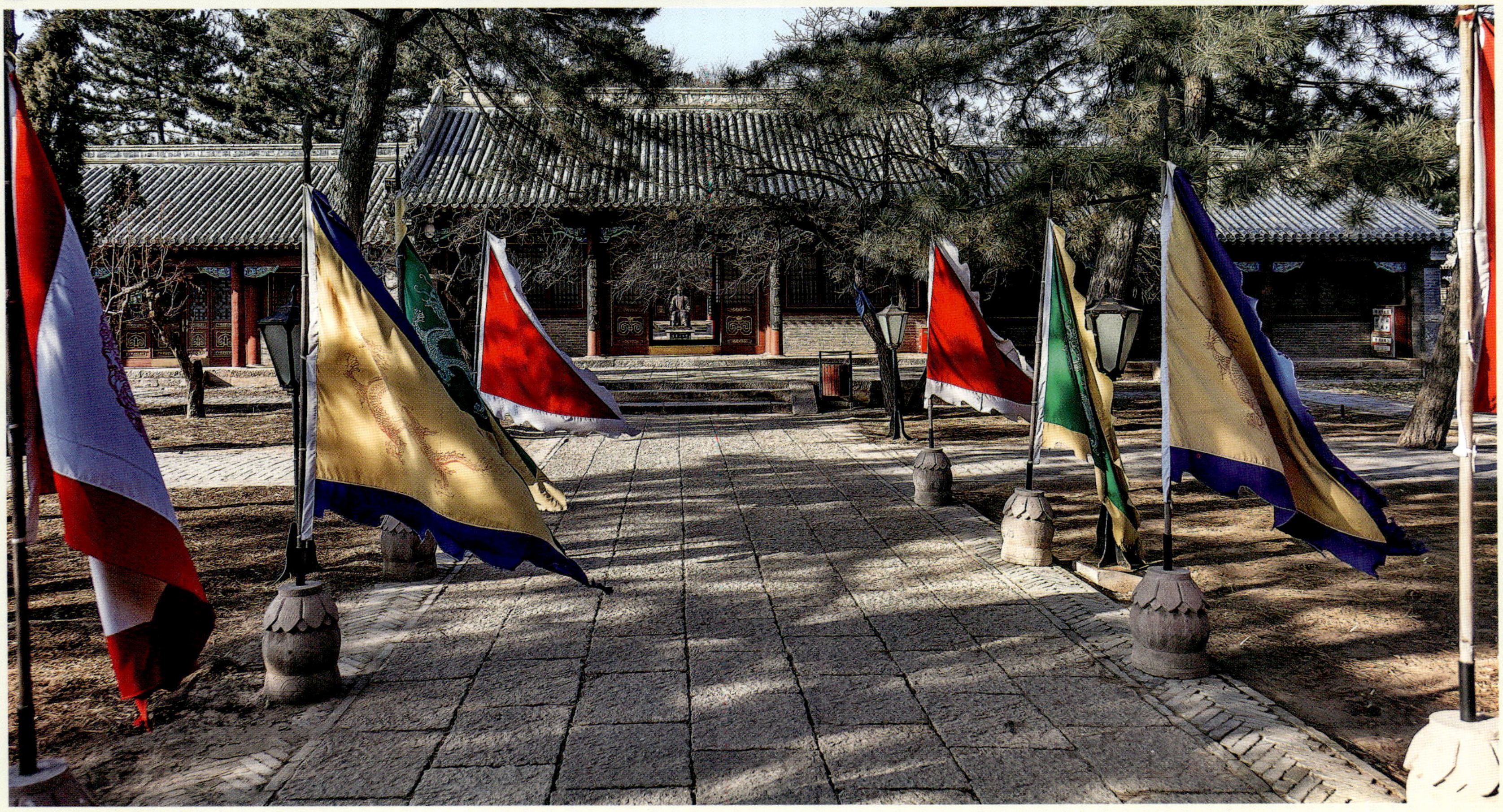

贡桑诺尔布
(1872——1931)

轎廳

亘古一人
英風冠古今
大義參天地

英風冠古今

文 庙

福

議事廳
善可擧賢智能輔政

大邦屏藩
事理通達心氣和平
乾清門御前行走
親王品級

大邦屏藩
事理通達心氣
品節詳明德性堅定
親王品級
兵備扎薩克

漠南賦鞍馬翔風冷月廣野孤煙

承慶樓

忠孝持家遠

承慶樓
獨有慈悲隨佛念
自言空色是吾真

内蒙古

和硕恪靖公主府

前临碧水　后枕青山
建筑最佳　一方之冠

和硕恪靖

公主府是一座仿故宫御花园的宫殿式建筑群，遵循了传统的礼制建筑中轴对称、前堂后寝的理念，组成一“回”字形纵深四进五重的四合院。其布局整齐，讲究对称；豪华威严，巍峨壮观；用料考究，质量上乘；规模宏大，超过了当时的归化城土默特左右翼都统衙署，被称为“西出北京第一院”。

历史文化背景

和硕恪靖公主府，又称固伦恪靖公主府，位于中国内蒙古自治区呼和浩特，新城区赛罕路，占地18 000平方米。和硕恪靖公主府始建于康熙三十六年，是清代康熙帝的第六个女儿、人称“四公主”的固伦恪靖公主的府第，是目前中国保存最完好的清代公主府，也是塞外保存最完整的一处清代四合院群体建筑。

公主13岁时被册封为和硕公主，在康熙三十六年（1697年）19岁时受封为和硕公主，嫁给蒙古博尔济吉特氏喀尔喀郡王敦多布多尔济。喀尔喀蒙古郡王郡治在库伦（今蒙古国乌兰巴托），但因为和噶尔丹的战争，漠北不安全，康熙帝赐公主住归化（今中国内蒙古呼和浩特）。经康熙钦定，于归化城北门2.5千米的扎达河东岸建公主府。原建占地约40万平方米，包括府邸、前庭、花园和马场。建筑形制为大木架结构硬山式及卷棚式，等级较低，但做工精良。

康熙四十五年（1706 年）和硕公主受封为和硕恪靖公主，雍正二年（1724 年）晋固伦恪靖公主。固伦，满语为“天下”“国家”之意。雍正年间公主迁居库伦（今蒙古国乌兰巴托）之后，公主府被她的后人继承居住直至清末。

1928 年公主府为绥远第一师范校址；1989 年移交文物部门；1990 年，公主府被辟为呼和浩特博物馆，现为国家二级博物馆。2001 年 6 月 25 日公主府被列为第 5 批全国重点文物保护单位，现府内藏文物 1 200 余件。

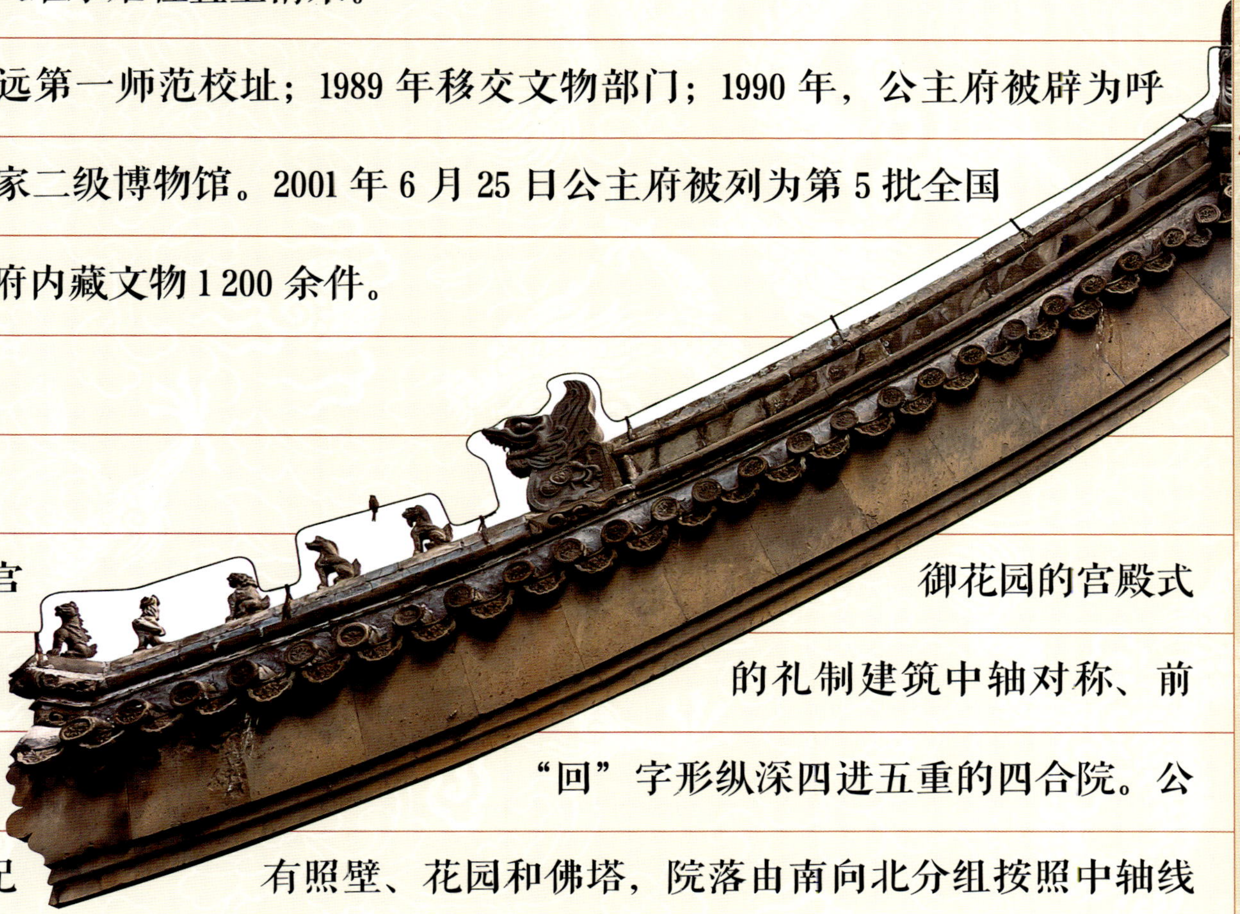

建筑布局

公主府是一座仿故宫御花园的宫殿式建筑群。其遵循了传统的礼制建筑中轴对称、前堂后寝的理念，组成一“回”字形纵深四进五重的四合院。公主府现有三进院落，配有照壁、花园和佛塔，院落由南向北分组按照中轴线自前庭照壁起分别布列有：府门、轿厅、静宜堂（大堂）、寝殿和后罩房，共四进六院。东西对称布有厢、配房，现存建筑 69 间。府邸东北侧有花园，北侧为马场。

其建筑格局有几个特点：一是布局整齐，讲究对称；二是豪华威严，巍峨壮观；三是用料考究，质量上乘；四是规模宏大，超过了当时的归化城土默特左右翼都统衙署。公主府大门前为一厚大的照壁。府门为三楹，府门两侧还有便门。头进院正面是三楹的前殿，两侧有东西跨院。二进院正面是五楹的大殿，殿中悬挂康熙帝手书“静宜堂”木匾，大殿两侧各有两楹的殿堂，三殿合称“过殿”。三进院的主建筑是汉白玉基座上的大殿，殿前有石狮一对，殿门上方悬有康熙帝手书的“肃娴礼范”匾额。这里是恪靖公主的寝殿。三进院东侧后为花园，园内古树参天，奇花异草，并有假山和湖心亭；西侧后为马场、马厩和一座 10 米高的玲珑白塔。

设计特色

公主府风风雨雨300年，至今保存基本完好，有“西出北京第一院”之称。府内景致宜人，古树环抱华荫如盖，花香鸟语，曲径通幽，湖光山影，游鱼成趣。而建筑之精美则更胜一筹，用料上乘，做工考究，非一般工匠所能为。公主府使用的建筑材料，各种木材，特别是柱、梁、枋、垫板等全部采用红皮油松，以确保几百年不腐；砌墙砖都是地道的大停泥砖，烧结成色为火候极佳而呈现豹豆青色；使用的石材，如垂带塔跺、象眼石、阶条石，清一色采用汉白玉系列的雪花白石料。殿宇基座采用白色大理石镶边包角，墙壁均为水磨青砖，屋顶饰以五脊六兽，线条流畅，比例精细。砖雕纹饰多样，工艺精湛。

【史海拾贝】

为什么恪靖公主又被称作海蚌公主？其实，“海蚌（勃）”是满语，意为“参谋”、“议事”。当年的恪靖公主权倾漠南、漠北、漠西。她的府第是归化城地区的独立王国，不但不受归化城将军、都统衙门的管辖，而且将军、都统还得给她跪安讨好。因为她有参政的权力，有替皇帝监国的义务，再加上当时北方形势非常严峻，所以破例封为固伦公主就不足为怪了。

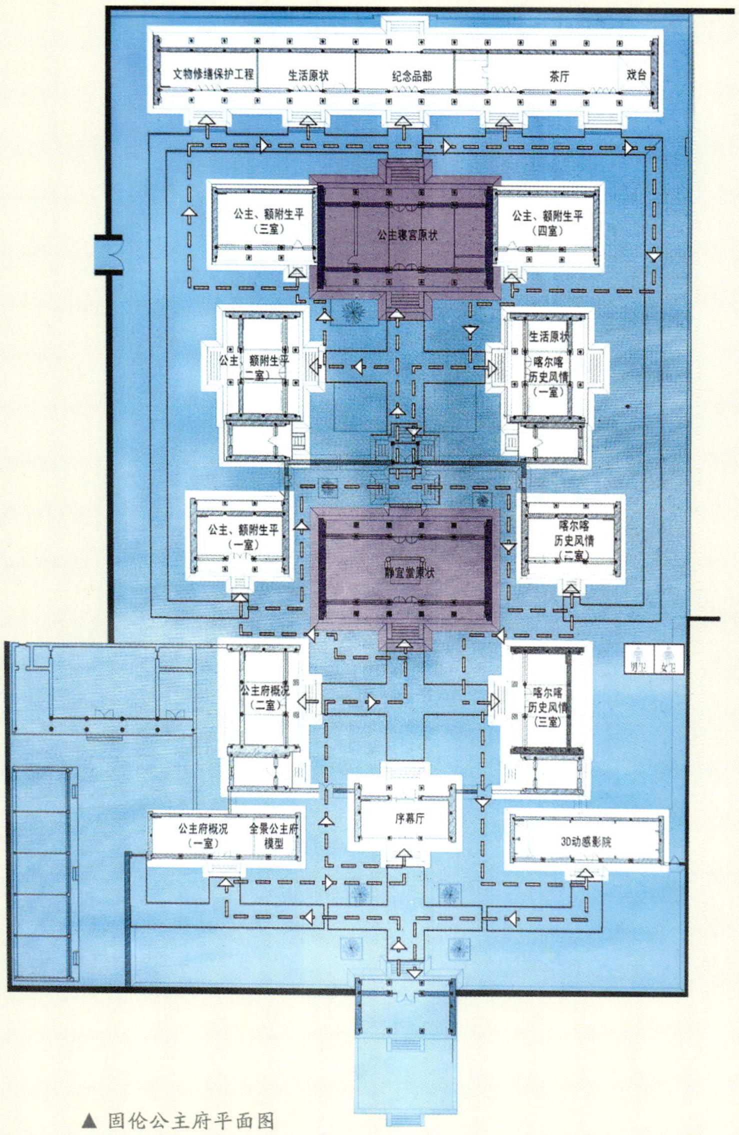
文物修缮保护工程
生活原状
纪念品部
茶厅
戏台
公主、额附生平（三室）
公主寝宫原状
公主、额附生平（四室）
公主、额附生平（二室）
生活原状
喀尔喀历史风情（一室）
公主、额附生平（一室）
静宜堂原状
喀尔喀历史风情（二室）
公主府概况（二室）
喀尔喀历史风情（三室）
公主府概况（一室）
全景公主府模型
序幕厅
3D动感影院

▲ 固伦公主府平面图

公主府

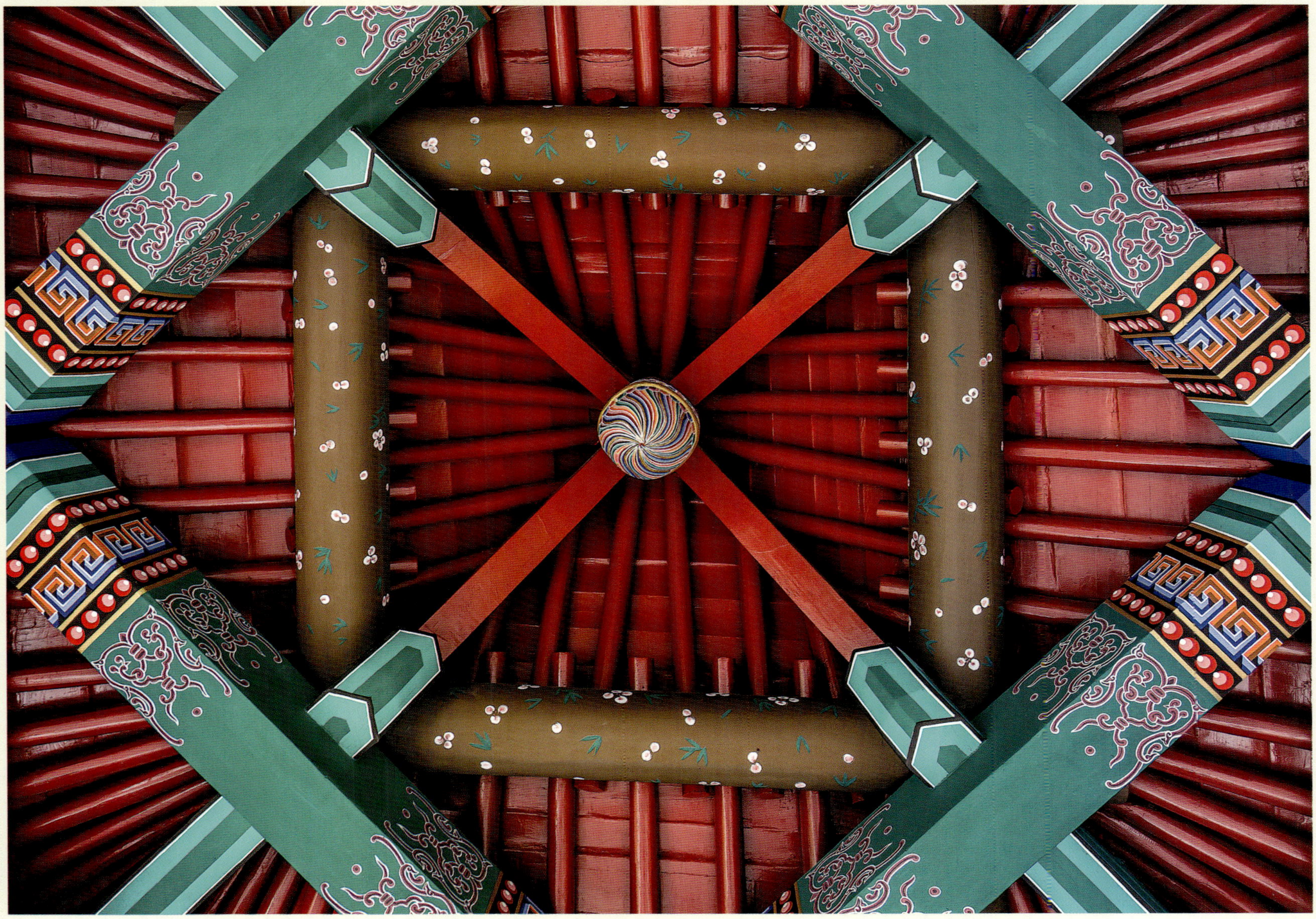

县衙

官衙是地方官吏生活、行政的场所，由衙门、祠堂、官邸、大夫第等建筑群组成，属于皇家建筑其中的一个分支。在等级森严的封建社会里，封建统治者基于“民非政不治，政非官不举，官非署不立”之识，对衙署的设置都十分重视，且有一定的规制。特别是明永乐年间京城迁陟北京并营建故宫后，这种规制显得更加严格、规范。各级官员府第的建筑结构和规模、油漆彩绘等都有严格的规制和区分。

明代规定，一二品官厅堂五间九架屋脊用瓦兽，梁栋檐桷青碧绘饰；三至五品官厅堂五间七架，屋脊用兽吻，梁栋饰以黄土。清代大体沿用明朝规定，只不过将一二品官的五间九架青碧绘饰，提高为七间九架可以彩绘。并进一步将各级地方官的衙署的建筑布局作了统一规定。各省衙署治事之堂为大堂、二堂，外有大门和仪门，宴息之所为内室、群室，史攒办事之所为科房。一般而言，衙门的建筑整体呈长方形，由三条纵轴线将衙门格局规划成主次分明的长方形大院，每个院落再以中轴线上的主体建筑为核心，形成大小不同、功能各异的四合院，大院套小院，小院之中再分小院，每个院落自成一体，各有功能，层层牵制，院院界定，单调中透着冷静，呆板中显出克制，排场中不乏实用。

本章的县衙特指我国封建王朝对少数民族统治后的建筑。我国古代封建王朝为了管理境内少数民族，特设有“诸蛮夷部玄威使司”，是我国封建王朝对少数民族的一种政治统治方式。即以少数民族的首领、酋豪充当地方官吏，对本部落或本地区进行世袭统治。少数民族的官衙平面布局仿汉制四合院，建筑风格受汉式建筑影响较大。建筑风格融汉及少数民族的特点，呈现一种文化交融独特的人文景观和空间组团现象。在国内官式建筑和乡土建筑的亲和上，在各民族文化的碰撞上是十分罕见的空间实例。

同时，此种官衙的体量一般比民居要大，有四、五层高，建筑占地约2 000平方米以上，建筑旁或附近或入口处一般建有高大的碉堡或群碉，主要起到防御、眺望的作用。平面多为长方形或近正方形，外墙坚厚，周围布房，内有天井，层层相叠，每层沿内天井有一圈外廊。建筑结构多为石木结构，但也有少量土木结构，具有明代汉族官式建筑特点。而精制的屋脊翘角、镂空花窗、浮雕图案，更具浓郁的壮族特色，具有较高历史文化、艺术和科学价值。

本分类中，主要介绍了西南和岭南区域土司制度下的衙署：广西忻城莫氏土司衙署和四川阿坝卓克基土司官寨；以及西藏达赖喇嘛统治下的江孜宗山抗英古堡。

四川

阿坝卓克基土司官寨

重峦叠嶂真无数
千崖万壑疆无度
故垒巍峨扼重关
卓采官寨冠诸夷

土司官寨

坐落在川西北高原上的卓克基土司官寨，是一座完美的藏式建筑，美丽的梭磨河绕寨而过，起伏的群山高耸在官寨的背后，似一幅精致的山水画卷展现在人们的面前。官寨依山而建，坐东北向西南，外观上看，除汉式屋顶外，主楼和附属的碉楼都是典型的嘉绒藏族式建筑，风格朴实、雄伟、凝重。

历史文化背景

卓克基土司官寨位于距马尔康县城7千米的卓克基镇西索村，亦称土司署或土司官邸，为土司管辖境内的政治中心，是土司权力和地位的象征。

卓克基土司官寨始建于清朝乾隆年间（1718年），是末代土司索观瀛亲自创意设计并组织修建的。整个建筑是由四组碉楼组合而成的封闭式的四合院，院内中心部分为天井，基底面积达1 500平方米。卓克基土司官寨有着重要的历史文化以及丰富的旅游资源。

1936年曾毁于大火。1938～1940年，土司索观瀛组织人力进行重建。1935年7月，毛泽东同志及中央机关长征途中曾在官寨住宿一周。1984年6月，美国记者、《纽约时报》总编辑索尔兹伯里在中国采访中国工农红军长征史料时，专程赴卓克基土司官寨，他惊叹地评价官寨为“东方建筑史上的一颗明珠”，是中国历史上具有重要意义的革命纪念地。1988 年，卓克基官寨被国务院列为第三批国家重点文物保护单位。

建筑布局

官寨依山而建，坐东北向西南，总建筑面积 5 400 平方米，是典型的嘉绒藏族建筑物。其布局仿汉式四合院结构，北部正屋为假六层，东西厢房为五层，中为天井，共有大小房间 63 间。站在天井的坝子上，仰望每一面楼层，生出一种威严阴森的感觉。

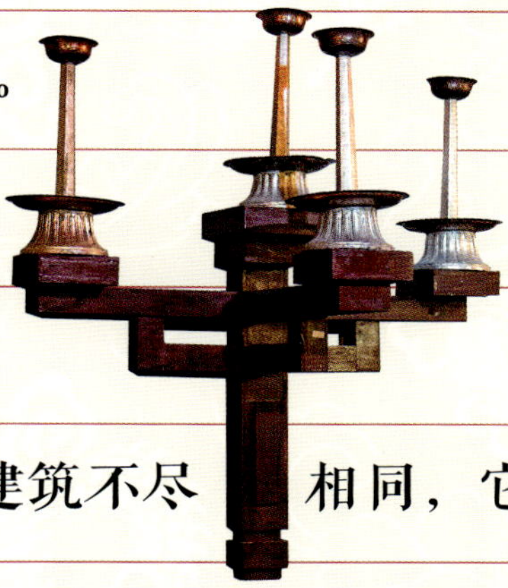

设计特色

卓克基土司官寨的建筑风格与汉族地区的建筑不尽相同，它坐北朝南，整个建筑由衙署和西面的西栅楼两部分组成。主楼二楼以下是传统的方形，由于中间留有天井，结构呈“回”字形，二楼以上东、西、北面加高成 4 层，结构呈“凹”字形，南面二楼屋顶为藏式平顶，东、西、北三面屋顶以汉式三角木行架作为承重骨架，上铺青石片叠压作防水层。整体风格朴实、雄伟、凝重。

官寨的屋顶采用了嘉绒传统的密梁式粘泥夯筑平顶和汉式三角木行架构成的悬山式屋顶两种结构形式。由于官寨整个建筑依山就势，在侧立面又采用前低后高的拖厢做法，因此各楼面高低起伏，错落有致，层次清晰，别有洞天。官寨建筑的屋面共分三个层次，最低层为南楼的平屋顶，距地表高度7米；次层为西楼的悬山式屋顶，距地表高度16.4米，最高层由官寨东楼的悬山式屋顶及北楼的悬山式屋顶所组成，其高度为19.5米。东、西、北楼屋顶上覆有小青瓦，正反相扣，檐前有滴水装置。

【史海拾贝】

1935年7月，毛泽东在土司的书房蜀锦楼住了一周。蜀锦楼珍藏着很多书籍，其中多为天文、地理、经书等方面的藏文书籍及汉文书籍。毛泽东等人在此谈古论今、指点江山，并对官寨进行详细的考察研究。联系到《三国演义》对郿坞的描述时，毛泽东曾击股而叹："古有郿坞，今有官寨。土司的这个城堡应该是我们在长征途中见到的最有特色的建筑了。"长征时在卓克基土司官寨的这段往事，显然给毛泽东留下了难以磨灭的印象，以至于在17年后的1952年"五一"国际劳动节，当得知索观瀛代表西南少数民族参观团来到北京时，毛泽东欣然邀请索观瀛同桌就餐。

【宗教手法的运用】　除了用石木将官寨修得高大结实外，土司还通过神秘的宗教手法，把房屋武装起来。首先是在官寨的正门口立一根高大的旗杆，顶部配以日月气托，旗杆上一长幅嘛呢经幡在风中威风十足地飘动，以抵御一切邪秽之气的侵犯。房顶的四周挂满了献给菩萨的嘛呢旗，四角插满代表箭簇的树枝，象征守护神张弓搭箭，随时准备射杀敢于靠近官寨的鬼怪。

【墙体设计】

官寨四周墙体均用片石砌成，用石灰加糯米汁勾缝。墙体厚达1米，采用内直外收的砌法，上窄下宽，整个墙体处于抗压状态，成为建筑的承重主体，加之内部木结构横梁的互相支撑拉合，整个建筑亦下大上小，重心向内，稳定性强。墙体四周开有内大外小的小窗作通风和瞭望防御之用。

【内院天井】

官寨内院天井旁的回廊由通顶廊柱、木质楼板及木栏杆组成。通顶廊柱总计 21 根，分布于天井四周，支撑着层层楼板和屋顶密梁及三角木行架。廊柱为上下两根树木重合构成，上下结合处采用暗子母榫套合，做工精细，毫无痕迹，如同整木一般。每根廊柱通长 15 米，下大上小，一气呵成。楼板则平铺于由墙体挑出且与廊柱穿斗而成的矩形梁上。栏杆则以镂刻雕花的木条构成几何形或吉祥如意的窗格图案，栏上大小窗格均装有五色玻璃。栏杆绕柱，柱撑栏杆，五色玻璃在夕阳的辉映下色彩斑斓，整个内院洋溢着浓郁的民族文化气息。

嘉绒酿酒房
Jiarong Brewing House
嘉绒藏族早在1000多年前就有了酿酒的历史。据敦煌出土的古藏文写卷《苯教丧葬仪轨》记载吐蕃早期所饮的酒有小麦酒，米酒青稞酒等，而青稞酒至今仍是藏区人民喜爱的传统饮品之一。
The Tradition Of Brewing Of The Jiarong Tibetan Nationality Dates Back To Over A Thousand Years Ago. According To The Records In The Ritual Procedures For Funerals Of The Bon, A Manuscript In Ancient Tibetan Unearthed In Dunhuang, The Wheat Wine, The Rice Wine And The Highland Barley Wine Were The Common Wines Favored In The Early Periods Of The Tubo Kingdom (a Tibetan Regime In Ancient China). Till Today, The Highland Barley Wine Is Still One Of The Most Popular Traditional Beverages With The Tibetan People.
卓克基嘉绒藏族文化旅游区

【装饰设计】 官寨的外部装饰以石块、片石的天然成色作为基调，从而使整个建筑显得古朴凝重，与整个自然环境浑然天成。四面墙体正中镶嵌石刻彩绘的天神或地神，相传有镇妖、避邪之功能。四角上各安置一木雕龙头，龙头上各系一铜质风铃，常作吟风啸月，歌秋颂春之音。官寨的内部以木板或石墙隔成63间大小房屋，各屋又以各种藏汉家具填充空间，使屋内布局合理，井然有序。大小经堂内帷幔低垂、神灯长明、香烟缭绕，内墙四周绘有佛本生经故事等内容的壁画，色彩艳丽，笔法细腻。置身其中，会有一种“语默动静，一切声色，尽是佛事”的感触。

西藏江孜

宗山抗英古堡

抗英古堡光四射
宗山阵线众志成
藏族军民共敌忾
祖国上下振威名

宗山古堡

“宗”在过去的西藏是行政单位，相当于县，所以这个城堡实际上就是县府。因两次抵抗英军侵略而闻名。建筑整体依山势由山腰一直建至山顶，高大宏伟，居高临下，气势壮丽。为了抵御侵略者，用大石块砌筑起很高的围墙以及炮台。

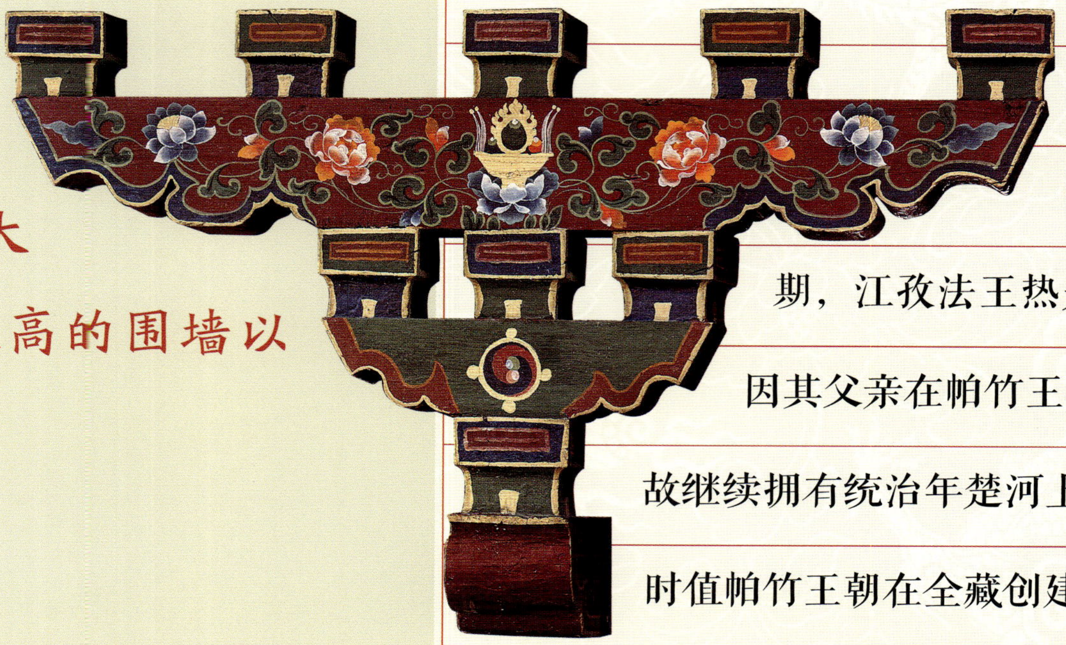

历史文化背景

江孜宗山抗英古堡位于在西藏江孜县城区的宗山上。宗山是座小山，只有100多米。但江孜周围地势平坦，加上江孜的海拔已经超过4 000米，宗山就显得鹤立鸡群，很有军事意义。江孜是由后藏进入前藏拉萨的门户。

藏历火兔年（967年），吐蕃赞普的后裔白阔赞认为江孜东方的山势如同嫩枝下垂，南方如同雄狮腾空，西方的年楚河如同白绸漂流，北方如同牧女献羊奶，特别是年楚河谷平原上大片金色的青稞，从宗山望去如同长方形的金盆。于是，白阔赞便在宗山上创建宫堡式建筑，统治年楚河流域。该地区被称为“杰卡尔孜”，意为“王城之顶”，后来音变为“江孜”。帕竹王朝时期，江孜法王热丹贡桑帕，因其父亲在帕竹王朝任要职，故继续拥有统治年楚河上游的权力。时值帕竹王朝在全藏创建“宗”（一种行政单位）之际，江孜遂成为西藏的十三大“宗”之一，称为“江孜宗”，藏语“宗”意为城堡、要塞。清朝，五世达赖建立甘丹颇章政权，进一步强化了宗、谿卡这种行政单位。江孜宗的政府驻地就是宗山城堡。

后来，遭遇战争，建筑破坏严重，西藏地方政府已对之加以维修保护。1961 年，被中华人民共和国国务院列为第一批全国重点文物保护单位。

建筑布局

宗山抗英古堡现有大小房间 193 间，存古建筑 7 064 平方米。宗山建筑主要有宗本（县长）办公室、经堂、佛殿及各类仓库等，全部依山势由山腰一直建至山顶。建筑高大宏伟，居高临下，气势壮丽。为了抵抗侵略者，守山军民在山坡用大石块砌筑起一圈高 5 ~ 8 米、宽约 4 米的围墙，并沿墙及前崖修筑了许多炮台，给英军以沉重打击。但在持续的战火中，几乎被侵略者毁为一片废墟。现仅存炮台遗迹、带弹孔的残坦断壁以及东部代本（藏军指挥官）的一处住室。

设计特色

江孜宗山抗英现仍有抗英炮台、抗英勇士跳崖处、江孜宗政府议事厅等建筑。抗英炮台：江孜保卫战中，西藏军民在该炮台用清朝乾隆五十六年（1791 年）大将军福康安曾使用过的“黄色兄弟”大炮抗击英军。抗英勇士跳崖处：江孜保卫战历经 3 个月，最后西藏军民弹尽粮绝，从宗山北侧悬崖纵身跳下，壮烈殉难。此处如今立有纪念碑。驻藏大臣巡边石碑：该碑刻于清朝乾隆六十年，记载驻藏大臣松筠、和宁巡视边防的历程及戍边要领。江孜宗政府议事厅：通过塑像再现了江孜宗政府官员办公的场景。展厅内还展出的江孜宗政府土地清册等资料。

法王殿：建于明朝，又称“如意宝寺”。殿内留有英军侵略时的罪证。

【史海拾贝】

第二次英国侵藏战争中，1904 年 7 月 5 ~ 6 日，英军步兵在炮兵支援下 7 次进攻江孜宗山，但均被藏军击退。坚守江孜宗山的近 5 000 名藏族军民用土火枪、大刀、弓箭、抛石器与使用枪炮的英军作战。经 3 天抵抗，守卫江孜的藏军已到了弹尽粮绝的境地。7 月 7 日，英军占领江孜宗山，西藏军民只有少部分人突围，其他人冲入英军之中展开肉搏战，坚持抗击到最后的数百名藏军全部跳崖身亡。英军攻占江孜宗山后，又攻占白居寺，随即占领整个江孜。1904 年 4 月到 7 月，江孜保卫战持续约 100 天，是近代西藏抗击外国侵略历史上规模最大的战斗。英军由江孜前进，最终攻入拉萨，迫使西藏噶厦签署《拉萨条约》。宗山城堡也在战斗中严重损坏，成为一处遗址。现在，宗山前的广场被命名为英雄广场，广场上矗立着江孜宗山英雄纪念碑。

全国重点文物保护单位
江孜宗山抗英遗址
中华人民共和国国务院
一九六一年三月 日公布
西藏自治区人民委员会立

旧江孜宗政府
THE OLD GOV OF GYANGTSE DZONG

广西忻城

莫氏土司衙署

守斯土莅斯民
十六堡群黎谁非赤子
辟其疆治其赋
三百里区域尽隶黄封

土司莫氏

忻城莫氏土司衙署是全国乃至亚洲现存规模最大、保存最完好的土司建筑群，堪称“亚洲第一土司衙署”。衙署建筑具有中原古典宫廷建筑特点，气势宏大，更具浓郁的壮族特色，是研究土司制度及其文化不可多得的实物资料。

历史文化背景

莫氏土司衙署，位于广西来宾市忻城县翠屏山麓，始建于明万历十年（1582 年），由忻城第八任土司莫镇威完成衙署主体建筑，后经历任土司先后拓建附属建筑，形成了规模宏大的土司衙署建筑群，历经 500 余年。其主要由土司衙门、莫氏祠堂、土司官邸、大夫第、三界庙等建筑组成，总面积 38.9 万平方米，其中建筑占地面积 4 万平方米，是全国现存规模最大、保存最完好的土司建筑群，堪称“亚洲第一土司衙署”。

由于战乱而遭受焚烧破坏，现部分建筑乃被毁后按原样重建的。曾分别于 1605 年、1653 年、1830 年进行过 3 次较大的维修。新中国成立后，党和国家十分重视对莫氏土司衙署的保护。1965 年，广西壮族自治区文化局拨专款对主体建筑进行大面积维修；中共十一届国家文物局、自治区文物处拨专款累计达 55.5 万元，对其进行了维修并按原样重建了东花厅、三堂、厢房和后苑闺房，使莫氏土司衙署基本恢复了原貌。1996 年公布为全国重点文物保护单位。

这座古典宫廷式建筑富有浓郁的壮族艺术特色，十多年来，电影、电视工作者在莫土司衙署先后拍摄了十余部影视作品。据载，这里就是“歌仙”刘三姐故事中莫老爷的府邸。衙署馆藏文物也十分丰富，主要有金器、玉器、骨器、青铜器、石器、蚌贝器、经书、石刻拓片、土司服饰等500多件，对研究我国土司制度、古建筑艺术及民族史等具有珍贵的科学价值，也为民族风俗的研究以及进行爱国主义教育、影视事业、旅游业的发展提供了不可多得的实物资料。

建筑布局

莫氏土司总体建筑采用了传统中轴对称和尊规守正的手法，按封建礼制和要求，进行布局与平面形制的设计，很好地继承了我国古建筑主次分明和利用院落组织、分隔、渗透和发展空间艺术效果的优良传统。莫氏把象征宗法族权的祠堂建在衙门之东，以示对祖宗的孝敬与崇拜，并按照壁、大门、祭堂和寝堂四个部分组成，与土司衙门平行布设。土司衙署坐南朝北，正面临街，背靠翠屏山，纵深约110米，其纵向布局为照壁、大门、通大院、登月台、进正堂，在大门和正堂明间均设有活动屏风，且各组房屋左右对称，主次分明，气势宏大。

土司衙署建筑群空间布局严谨，遵循中国传统建筑“前门、中堂、后寝”的形制，而且强化中轴线对称布局规律，形成纵横规整而又明朗清晰的平面格局。在土司衙门前修筑大官塘，其间营建亭榭，在翠屏山上建凉亭，在庭院间种植花卉精心营造环境，突出西南各少数民族在与自然的交往中推崇万物有灵的认识观，蕴涵着深厚的生态伦理观念，体现出一种人文的秩序和一种序列空间的整体美感。

慶南要地

粵西邊隅

建筑设计特色：壮乡故宫

衙署建筑皆砖木结构，具有中原古典宫廷建筑的特点：气势宏大、格调典雅、古色古香。特别是那深幽的殿堂，精制的屋脊翘角、镂空花窗、浮雕图案，更具浓郁的民族特色，有较高的历史文化、艺术和科学价值，是研究土司制度不可多得的宝贵资料，被誉为“壮乡故宫”。

土司衙门的前门照壁、大门、正堂、二堂、西花厅和长廊等建筑均为清道光十年（1830 年）修建，衙门皆砖木结构，硬山翘脊，穿斗构架，构架都是珍贵坚木——青冈木精制，尤其是正堂、二堂构架至今完好无损，仍保留明代建筑风貌。正堂森严肃穆，二堂、三堂庄重豪华，东、西花厅华贵高雅，后苑清幽静谧。朱漆梁柱，落地门式屏风，仿壮锦图案镂空花窗，彩绘浮雕，古色古香，既有侯门贵胄府院甚至宫廷气派，又有壮族干栏式建筑特征和壮族民间艺术风格。

另外，莫氏土司建筑上至屋脊下至柱基，内至屏风外至照壁，大至花窗小至瓦当，都饰满了各种吉祥和瑞、谐音喻意题材的动植物及文字和几何纹样。这些图案纹样或石刻、或木雕、或泥塑、或彩画，其形象造型生动逼真，寓意深刻，耐人寻味，充分展示了民间工匠艺人的智慧与技巧才干。莫氏土司建筑代表了壮族传统建筑装饰的最高水平，同时也突出了莫氏土司富有的经济和不凡的社会地位，以及对文化素养的追求。

【史海拾贝】

忻城莫氏土司，始祖莫保为永定（现宜州市）大家族的人。元朝至正年间（1341 ~ 1368 年），被授予宜山（现在宜州市）八仙屯千户一职。明洪武年间（1368 ~ 1398 年），莫保被罢官，于是率领子孙及亲丁迁居到忻城县境内。永乐二年（1404 年）忻城县陈公宣领导忻城县壮瑶农民起义，攻打县城，烧毁官署，县长苏宽弃城而逃走，莫保玄孙莫敬城参加镇压，被推举为土官。于是有了两个县长，土地分流而百姓集体管理，但权力不统一，流官掌握空印，仅每年春天和冬天到县城视察而已。弘治九年（1496 年），忻城县降为当地县。从此，莫氏土司获得世袭，统一忻城天下。

莫府

莫府

莫土司衙署

领导关怀 亲临奚土司衙署检查指导

东花厅

皇恩浩荡

坛

坛是祭祀自然神祇的场所、构筑物和建筑，多在露天的地方进行。考古材料表明，最早的祭祀活动起源于2~4万年前。《史记》中记载，黄帝曾多次封土为坛，“鬼神山川封禅与为多焉”。夏商时期已十分重视祭祀，据《考古记》中所载，夏建有祭祀的世室，商朝建有重屋，周朝建有明堂。汉代确立了祭祀的礼仪等级。之后，各朝各代都修建有祭祀建筑，不只是数量上增加，祭祀的制度也逐渐完善。

礼制坛主要包括天坛、地坛、日坛、月坛、社稷坛等。其中，最隆重的祭祀是祭天——天坛。皇帝按照惯例每年冬至祭天；皇帝登位也必须祭告天地，表示“受命于天”。祭天地是中国古代帝王最重要的祭祀活动，都由皇帝亲自祭祀。

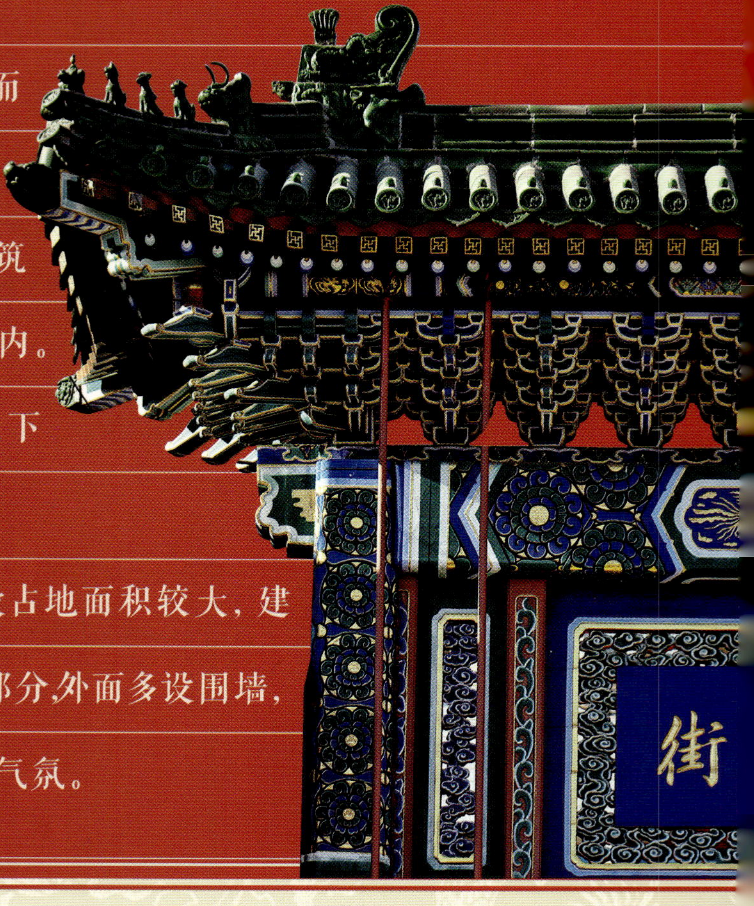

我国古代坛建筑遵从“礼”的要求而产生，布局严谨，规模庞大，造型精美。且多有朝廷修建，属皇家建筑的范畴，其所处的位置，都在皇城之内。其建筑的表现手法较为突出的是以下几个方面：

一、营造园林环境。皇家礼制坛一般占地面积较大，建筑物相对较少，主体建筑布置在中心部分，外面多设围墙，并多种植松柏树，营造出严肃神圣的气氛。

二、建筑排列严密有序。建筑沿中轴线布置，在轴线上安排多个空间，一般是先留有两三个小空间作为前导建筑，主体建筑空间较大，后面空间较小，营造了序列性、多层次、富有节奏感的环境。

三、突出主体建筑的形象。以祭坛为主体建筑，重点处理周围的陪衬环境，使祭坛的形象更加引人注目。

四、建筑的等级制度规格表现明显。坛建筑严格按照等级制度建造，在一组建筑中，主次建筑的体量、形式、装饰、色彩等都必须符合等级规矩。这固然与礼仪制度的严肃性有关，但也符合统一和谐的美学法则。

五、用象征手法来表示某类坛的特殊用途。如用圆形象征天，用方形象征地。其中天坛以圆形、蓝色象征天。

本章以北京的天坛和地坛为例。起初，天地坛是一起的。其建筑布局按照南京旧制建成，坛域南方北圆，主体建筑为大祀殿。明嘉靖九年天地分祭，大祀殿南增建圜丘专用祭天，另建祭祀地神的地坛。

北京天坛

太一天坛降紫君
属车龙鹤夜成群
山拥飞云海水清
斜阳未落映天门

天坛

北京天坛是世界上最大的古代祭天建筑群之一。建筑的主要设计思想主要表现“天”的至高无上。布局上，内坛位于外坛的南北中轴线以东，而圜丘坛和祈年殿又位于内坛中轴线的东面，以感受到上天的伟大和自身的渺小。就单体建筑来说，祈年殿和皇穹宇都使用了圆形攒尖顶，它们外部的台基和屋檐层层收缩上举，也体现出一种与天接近的感觉。北圆南方的坛墙和圆形建筑搭配方形外墙的设计，寓意着传统的“天圆地方”的宇宙观。

历史文化背景

天坛位于故宫东南方，占地 273 万平方米，约为故宫的 4 倍，是明、清朝两代帝王冬至日时祭皇天上帝和正月上辛日行祈谷礼的地方。

据史料记载，中国古代有正式祭祀天地的活动，可追溯到公元前两千年的夏朝。中国古代帝王自称“天子”，他们对天地非常崇敬。历史上的每一个皇帝都把祭祀天地当成一项非常重要的政治活动。而祭祀建筑在帝王的都城建设中具有举足轻重的地位，必集中人力、物力、财力，以最高的技术水平，最完美的艺术去建造。在封建社会后期营建的天坛，是中国众多祭祀建筑中最具代表性的作品。天坛不仅是中国古建筑中的明珠，也是世界建筑史上的瑰宝。

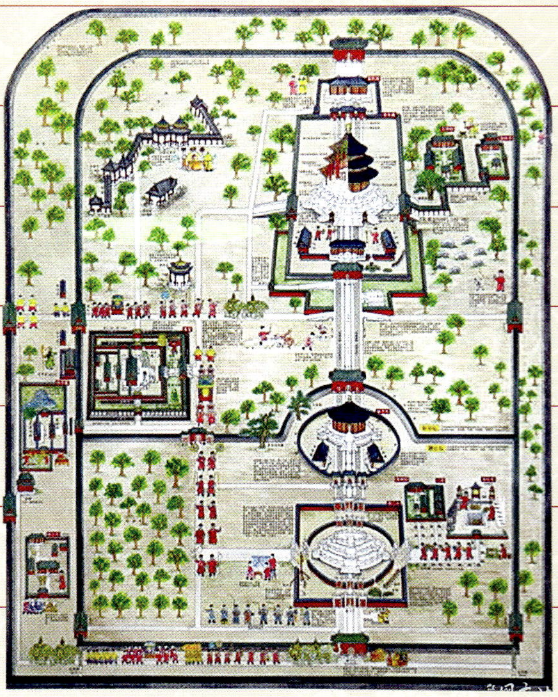

天坛

始建于明永乐十八年（1420 年），朱棣用工十四年与紫禁城同时建成，名叫天地坛。在明朝初年，天与地原是合并一起祭祀，南北的郊坛都一样，设祭的地方名叫大祀殿，是方形十一间的建筑物。嘉靖九年（1530 年）因立四郊分祀制度，改为天地分祀，在天坛建圜丘坛，专用来祭天，另在北郊建方泽坛祭地，原来合祀天地的大祀殿，逐渐废而不用。嘉靖十三年（1534 年）改称天坛。清乾隆、光绪帝重修改建后，才形成天坛公园的格局。嘉靖十九年（1540 年），又将原大祀殿改为大享殿，圆形建筑从此开始。

清廷入关后，一切仍按明朝旧制。乾隆时期，国力富强，天坛也大兴工程。乾隆十二年（1747 年），皇帝决定将天坛内外墙垣重建，改土墙为城砖包砌，中部到顶部包砌两层城砖。内坛墙的墙顶宽度缩减为营造四尺八寸，不用檐柱，成为没有廊柱的悬檐走廊。经过改建的天坛内外坛墙，更加厚重，周延十余里，成为极壮丽的景观。天坛的主要建筑祈年殿、皇穹宇、圜丘等也均在此时改建，并一直留存至今。

1961 年，国务院公布天坛为“全国重点文物保护单位”；

1998 年被联合国教科文组织确认为“世界文化遗产”，并列入《世界遗产名录》；

2009 年，北京天坛入选中国世界纪录协会中国现存最大的皇帝祭天建筑。

建筑布局

天坛建筑布局呈“回”字形，由两道坛墙分成内坛、外坛两大部分。外坛墙总长6 416米，内坛墙总长3 292米。最南的围墙呈方型，象征“地”，最北的围墙呈半圆型，象征“天”，北高南低，这既表示“天高地低”，又表示“天圆地方”。天坛的主要建筑物集中在内坛中轴线的南北两端，其间由一条宽阔的丹陛桥相连结，由南至北分别为圜丘坛、皇穹宇、祈年殿和皇乾殿等；另有神厨、宰牲亭和斋宫等建筑和古迹。设计巧妙，色彩调和，建筑高超。

设计特色

天坛在建筑设计和营造上集明、清建筑技术、艺术之大成。祈年殿、皇穹宇是木制构件、圆形平面、形体巨大、工艺精制、构思巧妙的殿宇，是中国古建中罕见的实例。又以大面积树林和丰富的植被创造了“天人协和”的生态环境，是研究古代建筑艺术和生态环境的实物，极具科学价值，是皇家祭坛建筑群中杰出的范例。建筑轴线北部的构图中心祈年殿，体态雄伟，构架精巧，内部空间层层升高向中心聚拢，外部台基屋檐圆形层层收缩上举，既造成强烈的向上动感，又使人感到端庄、稳重。色彩对比强烈，而不失协调得体，使人步入坛内如踏祥云登临天界。天坛从总体到局部，均是古建佳作，是工艺精品，极具艺术价值，是华夏民族一个漫长的历史时期思想文化的遗迹和载体。

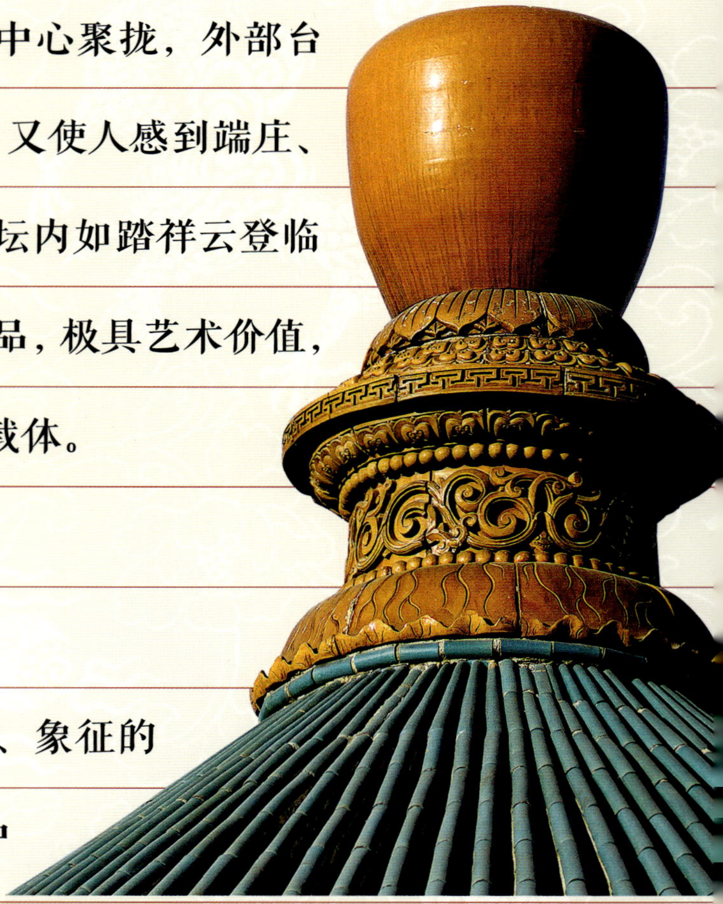

“九”的寓意

另外，天坛建筑处处展示中国古代特有的寓意、象征的艺术表现手法。比如圜丘的尺度和构件的数量集中并反复使用“九”这个数字，以象征“天”和强调与“天”的联系。圜丘台中心是一块呈圆形的大理石板，称作天心石，也叫太极石。从中心向外围以扇形石。上坛共有九环，每环扇形石的数目都是“九”的倍数。台面墁嵌九重石板，是象徵“九重天”的意思。第九重为宗动天，即上帝的起居室。每当祭天时，在坛台中央的太极石上供奉着皇天上帝牌，外面支搭蓝色缎幄帐，象徵皇天上帝居住在九天之上。古代中国认为天属阳，地属阴，引申开来，奇数属阳，偶数属阴。圜丘之所以都用奇数去构筑，就是因为它们都是阳数。而在十以下，最大的阳数是九，引申下去，九就是最大、无限、至极的意思。例如中国过去皇帝称为“九五之尊”。圜丘在建筑设计中使用奇数，而且反复使用其中“九”的倍数，正是中国古代匠师对这种概念的运用和发挥，使“天”的观念能在祭祀建筑中更好地体现。

【史海拾贝】

相传，祈年殿内中央的“龙凤石”上原来只有凤纹，而殿顶藻井内只有雕龙，年长日久，龙、凤有了灵感，金龙常常飞下来找凤石上的凤凰寻欢。不料有一天正遇见嘉靖皇帝来祭天，在石上跪拜行礼，金龙来不及飞回去，和石上的凤凰一起被嘉靖皇帝压进圆石里面，再也无法出来，从此才变成一深一浅的龙凤石。1889年祈年殿被焚烧时，这块龙凤石被烈火熏烧了一个昼夜，石块虽未被烧碎，但龙纹被烧成浅黑色，凤纹被烧得模糊不清。

元
旦

【圜丘坛】

圜丘坛是皇帝举行祭天大礼的地方，始建于明嘉靖九年（1530 年）。坛平面呈圆形，共分三层，皆设汉白玉栏板。坛面原来使用蓝琉璃砖，于乾隆十四年（1749 年）重建后，改用坚硬耐久的艾叶青石铺设。每层的栏杆头上都刻有云龙纹，每一栏杆下又向外伸出一石螭头，用于坛面排水。圜丘坛有外方内圆两重矮墙，象征着“天圆地方”。圜丘坛的附属建筑有皇穹宇及其配庑、神库、宰牲亭、三库（祭器库、乐器库、棕荐库）等。站在圜丘坛最上层中央的圆石上面虽小声说话，却显得十分洪亮。因此每当皇帝在这里祭天，其洪亮声音，就如同上天神谕一般，加上祭礼时那庄严的气氛，更具神秘效果。这是因为坛面光滑，声波得以快速地向四面八方传播，碰到周围的石栏，反射回来，与原声汇合，则音量加倍。

回音壁
The Echo Wall

【皇穹宇】

皇穹宇位于圜丘坛以北，是供奉圜丘坛祭祀神位的场所，存放祭祀神牌的处所。其始建于明嘉靖九年（1530 年），初名泰神殿，嘉靖十七年（1538 年）改称皇穹宇，为重檐圆攒尖顶建筑。清乾隆十七年（1752 年）重建，改为鎏金宝顶单檐蓝瓦圆攒尖顶，有东西配庑各 5 间。皇穹宇台阶下，有三块石板，即回音石：在靠台阶的第一块石板上站立，击掌，可以听到一声回声，站在第二块石板上击一掌，可以听到两声回声，站在第三块石板上击一掌，可以听到三声回声。皇穹宇的正殿和配殿都被一堵圆形围墙环绕，墙高 3.72 米，直径 61.5 米，周长 193 米。内侧墙面平整光洁，能够有规则地传递声波，而且回音悠长，故称“回音壁”。

皇穹宇

祈年殿

【祈年殿】

祈年殿在天坛的北部，也称为祈谷坛，原名大祈殿、大享殿，始建于明永乐十八年（1420年），是天坛最早的建筑物。乾隆十六年（1751年）修缮后，改名为祈年殿。光绪十五年（1889年）毁于雷火，数年后按原样重建。今祈年殿是一座直径32.72米的圆形建筑，鎏金宝顶蓝瓦三重檐攒尖顶，层层收进，总高38米。祈年殿的殿座就是圆形的祈谷坛，三层6米高，气势巍峨。坛周有矮墙一重，东南角设燔柴炉、瘗坎、燎炉和具服台。坛北有皇干殿，面阔五间，原先放置祖先神牌，后来牌位移至太庙。坛边还有祈年门、神库、神厨、宰牲亭、走牲路和长廊等附属建筑。长廊南面的广场上有七星石，是嘉靖年间放置的镇石。

祈年殿内的天花板是精致的“九龙藻井”，龙井柱则是描金彩绘。殿内中央有一块平面圆形大理石，石面上的花纹，是自然形成的龙凤花纹，一条行龙抱着一只凤凰，这便是“龙凤石”，即“龙凤呈祥”。

乾
殿

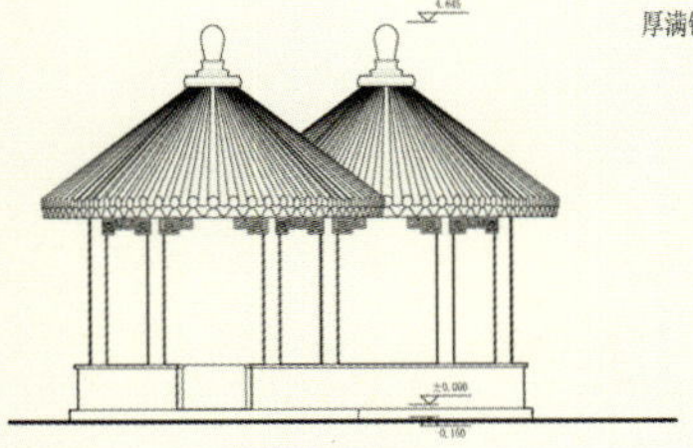

▲ 园亭立面图

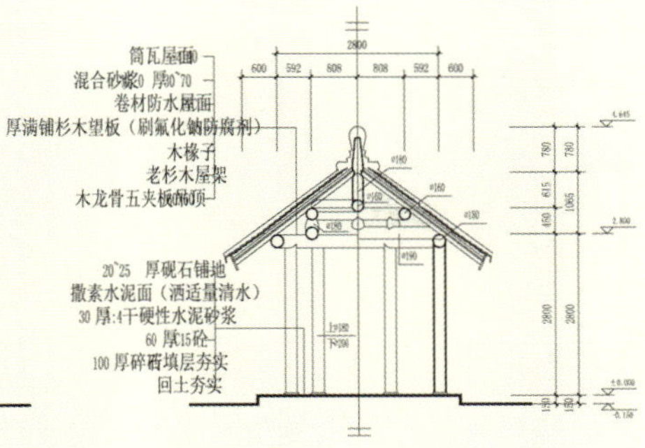

▲ 园套亭 1-1 剖面图

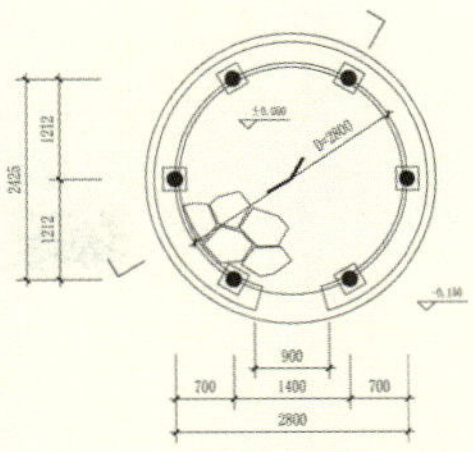

▲ 园亭平面图

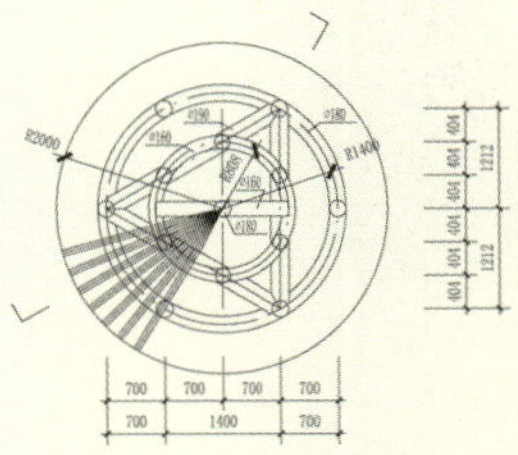

▲ 园亭屋架平面图

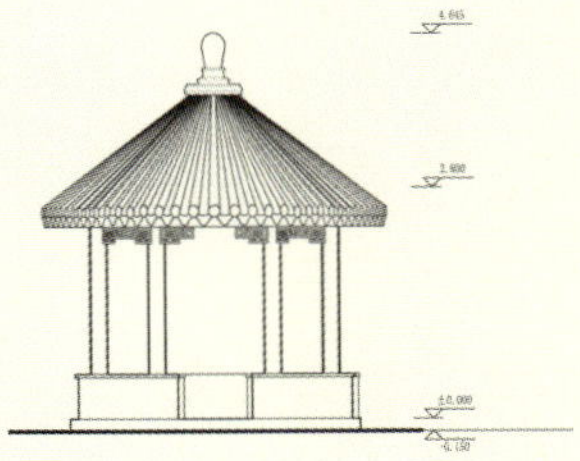

▲ 园亭立面图

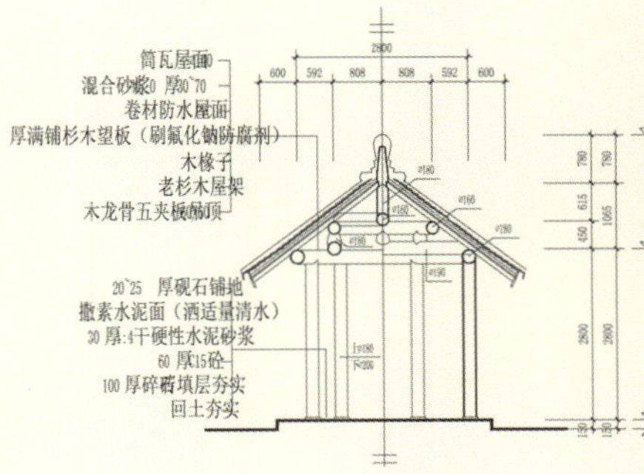

▲ 园亭 1-1 剖面图

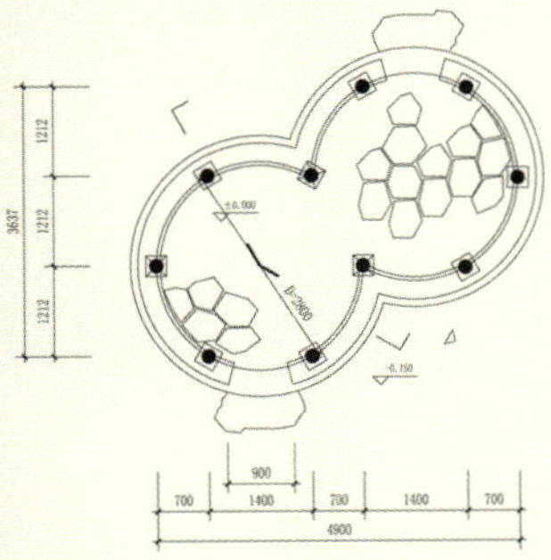

▲ 园套亭平面图

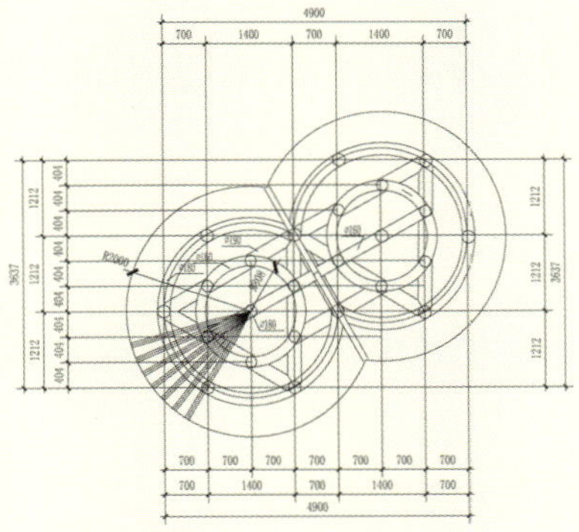

▲ 园套亭屋架平面图

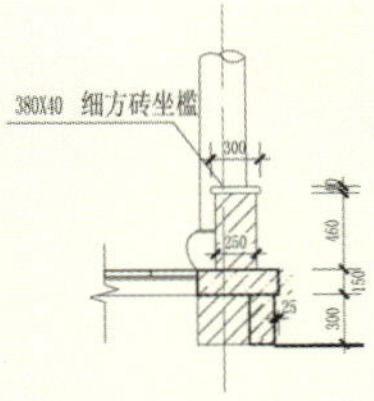

▲ 阶沿大样

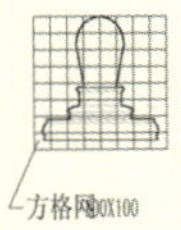

▲ 宝顶大样

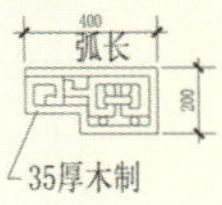

▲ 雀替大样

北京地坛

皇地祇神供祭祀
云雨荒台不同时
广大深厚多梦思
轮椅儒生为吾师

地坛

地坛是明清两朝帝王祭祀“皇地祇神”的场所，也是中国现存的最大的祭地之坛，有方泽坛、皇祇室、牌楼、斋宫等主要建筑。地坛总体布局坐南向北，由回字形两重正方形坛墙环绕，分成内坛和外坛。地坛内建筑很少，而且造型简朴，没有繁琐的装饰。

历史文化背景

地坛又称方泽坛，是古都北京五坛中的第二大坛。地坛位于北京市东城区定门外大街，始建于明代嘉靖九年（1530 年），是明清两朝帝王祭祀“皇地祇神”的场所，也是中国现存的最大的祭地之坛。地坛有方泽坛、皇祇室、牌楼、斋宫等主要建筑。

1984 年被评为北京市文物保护单位。从 1985 年起，每年春节地坛公园都举办迎春文化庙会，至今已成功举办了 21 届。不仅有大规模的仿清祭地表演，还有许多民俗文化在这里展现和延伸，以较高的艺术品位和鲜明的民族特色享誉中外。2006 年 5 月，国务院公布地坛为全国重点文物保护单位。

建筑布局

地坛坐落在安定门外东侧，与天坛遥相对应，与雍和宫、孔庙、国子监隔河相望。坛内总面积 374 000 平方米，呈方型，整个建筑从整体到局部都是遵照我国古代“天圆地方”、“天青地黄”、“天南地北”、“龙凤”、“乾坤”等传统和象征传说构思设计的。

地坛总体布局坐南向北，由回字形两重正方形坛墙环绕，分成内坛和外坛。中轴线略向西北倾斜。正门在外坛西墙，朝向安定门外大街。西端有牌楼一座，三间四柱七楼，是进入地坛的前导。御道进入外坛门后北折，向东、再向南，从内坛北门进入内坛，与中轴线重合。将御道起点、外坛门、三个折点、内坛门和终点这七个点连接起来，正好组成北斗星的形状。内坛不在外坛正中，而是向东偏移。内坛中轴线也是向东偏移，距东坛墙 169 米，距西坛墙 286 米，两边的比例为 3:5。西门至东门的道路贯穿内坛，与中轴线形成丁字形骨架。

设计特色

地坛内共有七组建筑。古人认为应该在质朴的环境之中祭祀皇地祇，所以地坛内建筑很少，而且造型简朴，没有繁琐的装饰。

【史海拾贝】

在远古时代就有祭祀地神的活动。相传夏朝五月祭地神，商朝六月祭地神，周朝夏至祭地神，并确立了“基地于泽中方丘”的礼制。西汉成帝元年（公元前 32 年），在长安城南北郊，按阴阳方位建天地之祠，此后历代都城规划中都有地坛。祭祀地神是重要的大典，每年夏至日出时举行，皇帝要亲祭。祭祀共分九个仪程，即迎神、奠玉帛、进组、初献、亚献、终献、撤撰、送神、望瘗等。清乾隆七年额定地坛设文、武、乐舞生 480 人，执事生 90 人。每进行一项仪程，皇帝都要分别向正位、各配位、各从位行三跪九叩礼，从迎神至送神要下跪 70 多次、叩头 200 多下，历时两小时之久。如此大的活动量对帝王来说是个很大的负担，所以皇帝到年迈体衰时，一般不亲诣致祭，而派遣亲王或皇子代为行礼。

处
票
售

售
票
处

地壇

廣厚街

地壇

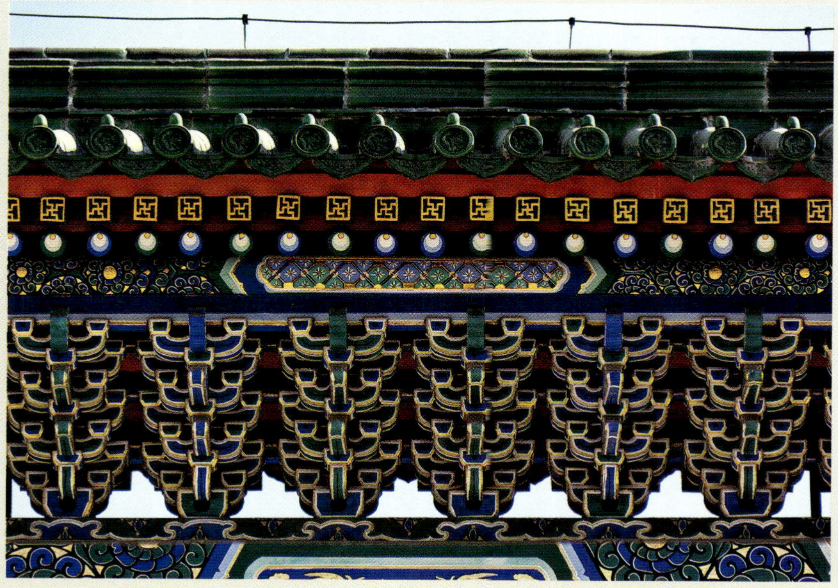

【牌楼】

牌楼也称牌坊，是地坛主门即西门的第一座建筑物，也是地坛御道的起点。明清两代皇帝到地坛祭地首先经过牌楼，再进坛门，地坛牌楼与颐和园东门外牌楼一样高大雄伟。明代始建时称“泰折街”牌坊，清代雍正年间重建时改为“广厚街”牌坊，“广厚”是广大深厚之意。由于自然条件和历史的原因，两个牌楼都没有保存下来。1990 年，牌楼重新建设，新建的牌楼高达 13.5 米，气势高大雄伟，绿色的琉璃瓦面，彩画以本“天龙地凤”之说，绘以单凤图和牡丹图案，正面中心有“地坛”二字，背面核心有“广厚街”字样。

▲ 套方亭立面

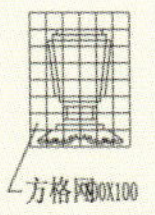

▲ 宝顶大样

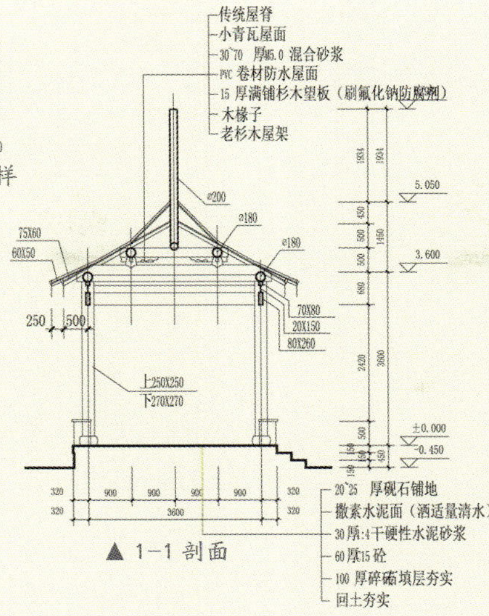

▲ 1-1 剖面

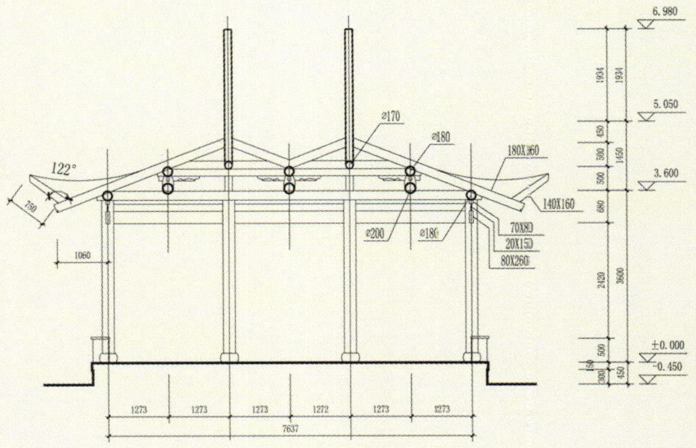

▲ 2-2 剖面

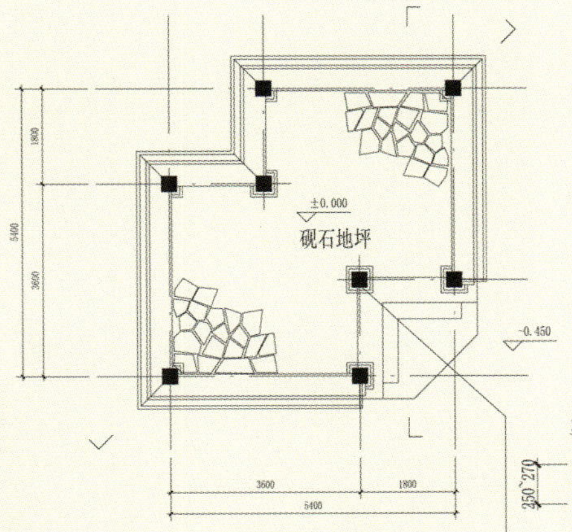

▲ 套方亭平面

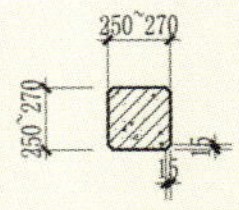

钢筋砼柱子

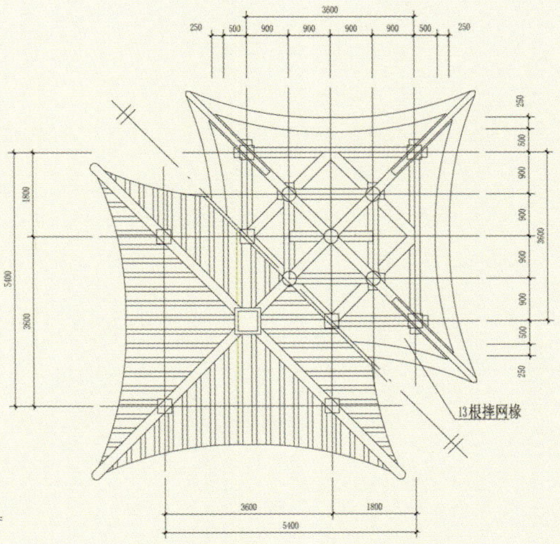

▲ 屋面平面　▲ 屋架平面

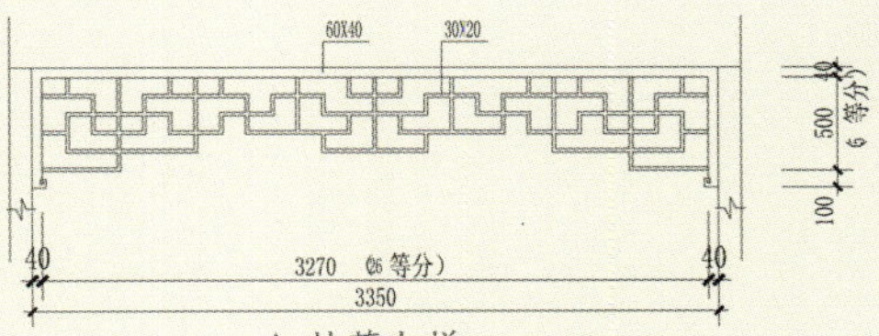

▲ 挂落大样

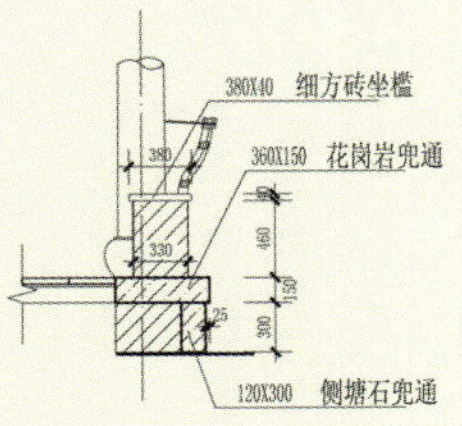

▲ 坐落大样

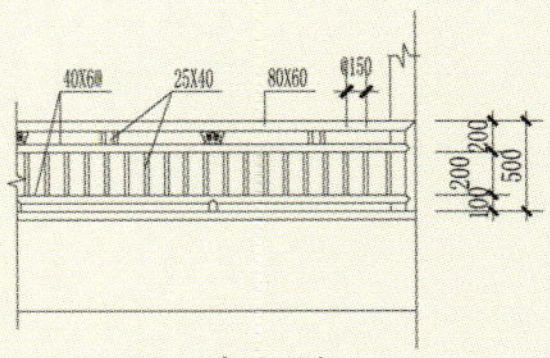

▲ 吴王靠大样

参考资料

[1] 陈伯超，朴玉顺．盛京宫殿建筑 [M]. 北京：中国建筑工业出版社，2007 年．
[2] 陈登亿，段会杰，宋培效．避暑山庄寺庙楹联详解 [M]. 北京：紫禁城出版社，1988.
[3] 段会杰，樊淑媛．避暑山庄名景额联漫话 [M]. 呼和浩特：远方出版社，2003.
[4] 高玮． 巡礼祭天坛 [J]. 数字生活，2009，(02).
[5] 龚荫．中国土司制度史 [M]. 四川：四川人民出版社，2012.
[6] 蓝承恩．忻城莫氏土司 500 年 [M]. 南宁：广西人民出版社，2006.
[7] 李兴华．试析沈阳故宫的文德坊和武功坊 [J]. 文物春秋，2010，(01).
[8] 李乾朗．帝王的国度——天坛祈年殿 [J]. 紫禁城，2009，(02).
[9] 李蔚．中国传统建筑环境自然观研究 [J]. 湖南大学硕士学位论文，2003.
[10] 李超弦．重庆地区传统天井建筑初探 [J]. 重庆大学硕士学位论文，2004.
[11] 李文君．紫禁城八百楹联匾额通解 [M]. 北京：紫禁城出版社，2011.
[12] 陆翔，王其明．北京四合院 [M]. 北京：中国建筑工业出版社，1996
[13] 罗哲文，王振复．中国建筑文化大观 [M]. 北京：中国建筑工业出版社，2001.
[14] 刘冠．中国传统建筑装饰的形式内涵分析 [J]. 清华大学文学硕士学位论文，2004.
[15] 沈阳一宫两陵志编纂委员会．沈阳故宫志 [M]. 沈阳：辽宁民族出版社，2006.
[16] 铁玉钦．盛京皇宫 [M]. 北京：紫禁城出版社，1987.
[17] 覃彩銮，黄恩厚．状侗民族建筑文化 [M]. 南宁：广西民族出版社，2006.
[18] 武斌．清沈阳故宫研究 [M]. 沈阳：辽宁大学出版社，2006.
[19] 夏成钢．湖山品题 // 颐和园匾额楹联解读 [M]. 北京：中国建筑工业出版社，2009.
[20] 一方．北京名胜楹联匾额选 // 北海匾联 [M]. 北京：中国传媒大学出版社，2005.
[21] 朱家溍．明清室内陈设 [M]. 北京：紫禁城出版社，2004.
[22] 朱家溍．养心殿造办处史料辑览 [M]. 北京：紫禁城出版社，2003.
[23] 支运亭．清代宫廷匾联 [M]. 北京：文物出版社，2001.

索引

图书在版编目（CIP）数据

中国古建全集．皇家建筑／广州市唐艺文化传播有限公司编著．-- 北京：中国林业出版社，2016.9

ISBN 978-7-5038-8174-9

Ⅰ．①中… Ⅱ．①广… Ⅲ．①宫殿-古建筑-建筑艺术-中国 Ⅳ．① TU-092.2

中国版本图书馆 CIP 数据核字（2015）第 242211 号

中国古建全集　皇家建筑

编　　著　广州市唐艺文化传播有限公司
责任编辑　纪　亮　王思源
策划编辑　高雪梅
流程编辑　黄　姗
文字编辑　张　芳　王艳丽　许秋怡
装帧设计　肖　涛

出版发行　中国林业出版社
出版社地址　北京西城区德内大街刘海胡同 7 号，邮编：100009
出版社网址　http://lycb.forestry.gov.cn/
经　　销　全国新华书店
印　　刷　北京利丰雅高长城印刷有限公司

开　　本　245mm×325mm
印　　张　22.5
版　　次　2016 年 9 月第 1 版
印　　次　2016 年 9 月第 1 次印刷

标准书号　ISBN 978-7-5038-8174-9
定　　价　379.00 元（精）
全套定价　3500.00 元（精）（10 册）